JN201294

海底トンネルの造り方

水の力でつなぐ沈埋工法

Immersed Tunnel

下石 誠
（五洋建設株式会社）

日経BPコンサルティング

はじめに

２０２０年６月20日、東京港フェリーターミナルがある10号地その２地区（江東区有明4丁目）と、中央防波堤地区（江東区海の森3丁目地先）とを結ぶ、アプローチ部を含めて総延長約２・１㎞の「東京港海の森トンネル」が開通しました。

同トンネルの海底トンネル部（約９３０ｍ）は、山岳トンネルで用いられるＮＡＴＭ（ナトム）工法や、都市部で用いられるシールド工法と異なり、沈埋（ちんまい）工法と呼ぶ施工方法により、建設されています。沈埋工法はトンネル本体となる沈埋函（ちんまいかん）をあらかじめ製作し、それを海底に掘ったトレンチ（溝）に沈め、沈埋函同士をつないで海底トンネルを建設する施工方法です。

沈埋トンネルは、水底トンネルの一種で、主に臨港地区で航路や運河の横断、また河川の横断のためのトンネルとして建設されています。その歴史は古く、１００年以上前からアメリカ、オランダなどを中心とした欧米で運河や河川を横断する鉄道や道路、下水道トンネルとして建設され、その建設技術が確立されてきました。

日本国内でも１９４４年に大阪市内で安治川を横断する最初の沈埋トンネルが完成しています。そこから国内では30本の沈埋トンネルが建設されており、世界を見ても建設事例が増えてきています。

なかでも、１９９７年に大阪南港において我が国初めての道路・鉄道併用トンネルとして完成した大阪港咲洲（さきしま）トンネルの建設で新技術の開発導入がなされて以来、日本独自の技術が進展し、前述した東京港海の森トンネル建設において、いかんなくその建設技術が用いられています。

本書は、ここ約30年の間に急速に進展してきた我が国の沈埋トンネルの建設技術について、筆者の知見をまとめたものです。特に、筆者の発案から国土交通省（旧運輸省）と五洋建設の官民共同開発に進み、各地の沈埋トンネルプロジェクトで実施された最終継手などの建設技術「Vブロック工法（土木学会技術開発賞受賞）」「キーエレメント工法（国土技術開発賞最優秀賞受賞）」「クラウンシール継手（土木学会技術開発賞受賞）」については、技術開発の過程も含めて詳しく記載することとしました。普段は水の底にたたずんで車や電車の行き来を見守る沈埋トンネルを紙面に〝浮上〟させることで、多くの人に興味や関心を持ってもらえれば幸いです。

Project Preview

国内最新プロジェクト
東京港海の森トンネル（2020年開通）
最終函となるキーエレメント（6号函）の沈設作業の様子

東京・有明の10号地その2地区から中央防波堤地区を見る。両地区を沈埋トンネルでつなぐ

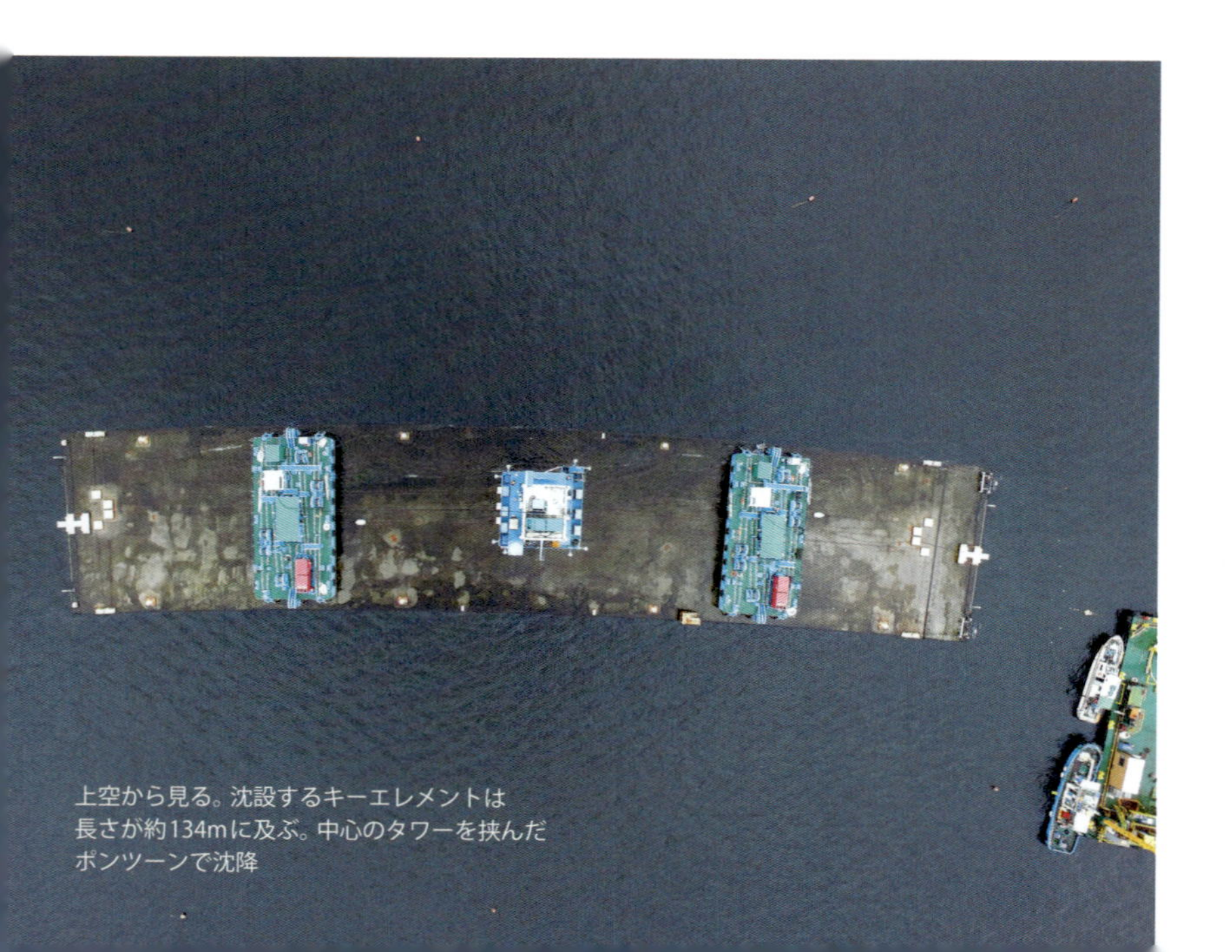

上空から見る。沈設するキーエレメントは
長さが約134mに及ぶ。中心のタワーを挟んだ
ポンツーンで沈降

司令室のあるタワーを挟んで手前と向こう側に
沈設用のポンツーンがある

トンネル完成後の坑口（入り口）

Vブロック工法 採用プロジェクト

大阪港咲洲トンネル（1997年開通）

完成したVブロックを起重機船で吊り上げる

Vブロックの運搬状況

Vブロックが水中に吊り降ろされたところ

Vブロックの沈設状況

Vブロックを接合する10号函の内部

10号函から移動沓（ストッパー）を
押し出すジャッキ

キーエレメント工法 採用プロジェクト

那覇うみそらトンネル（2011年開通）

鋼殻の組み立て状況

鋼殻は本土で組み立てて那覇まで回航

施工中の咲洲側アプローチ部（666m）

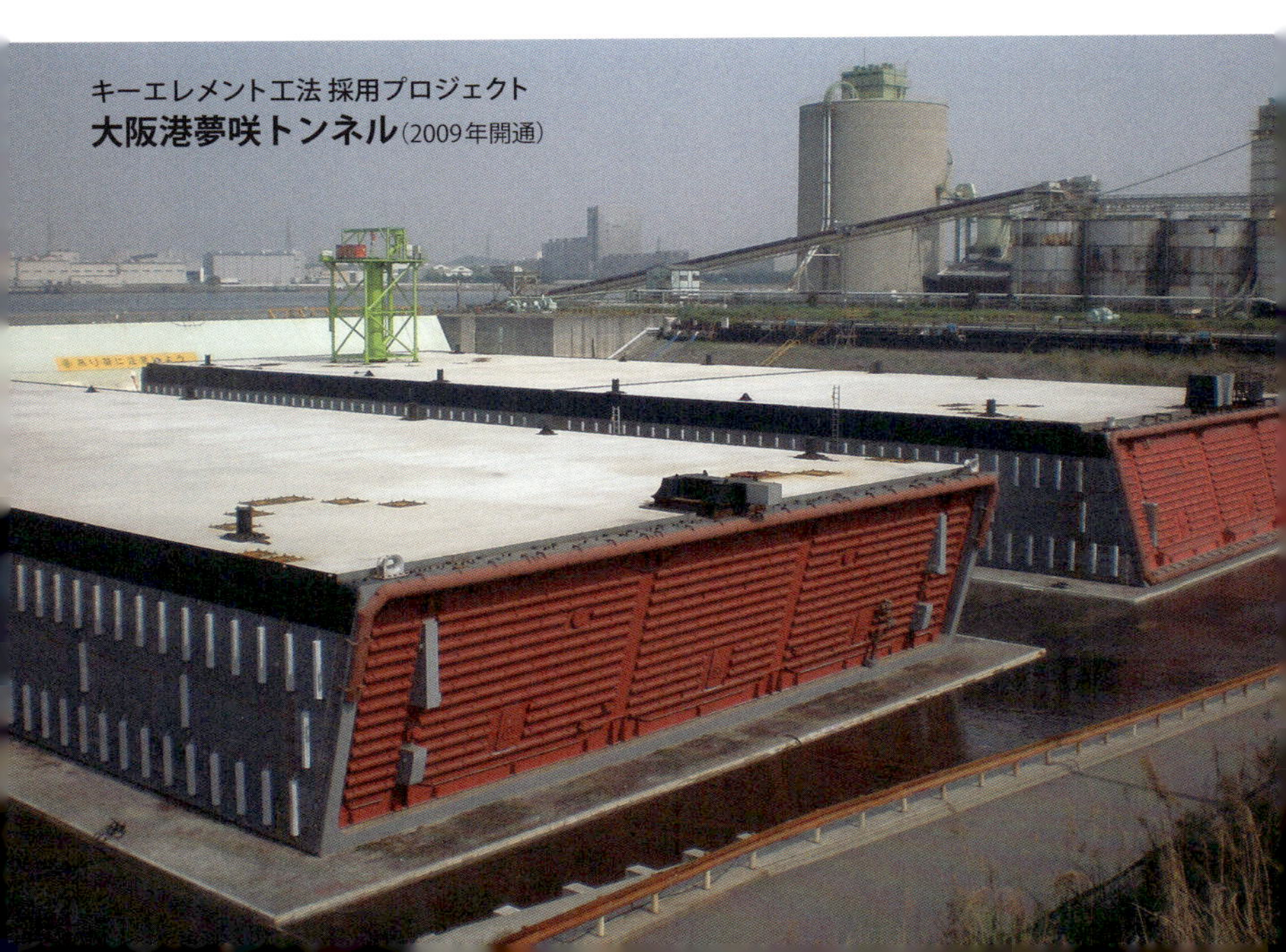

キーエレメント工法 採用プロジェクト
大阪港夢咲トンネル（2009年開通）

キーエレメント工法 採用プロジェクト
若戸トンネル（2012年開通）
キーエレメントの沈設状況

CONTENTS

（本文中の写真・図表：五洋建設）

序章

「沈埋トンネル」に魅せられる

本書の主役である「沈埋トンネル」を知っている、聞いたことがあるという人は、世の中にあまりいないだろう。しかし、実際には多くの人たちがそれとは知らずに、沈埋トンネルを利用している。

身近に感じられそうなものを挙げてみよう。東京ならば首都高速道路湾岸線を走ると、東京国際空港（羽田空港）付近から川崎の臨海部にかけて長いトンネルを抜ける。沖縄に飛ぶと、那覇空港から街なかに向かう車の多くは、空港を出てすぐに海底トンネルをくぐる。２０２５年に開催される大阪・関西万博（２０２５年日本国際博覧会）の会場となる大阪湾の人工島「夢洲（ゆめしま）」は、海底をくぐるトンネルがメインアクセスの１つになる。こちらは道路と鉄道の両方が通れる珍しい海底トンネルとして造られている。

これらはいずれも沈埋トンネルである。他も含めて全国で計30本の沈埋トンネルがあり、人の往来や物流の絶

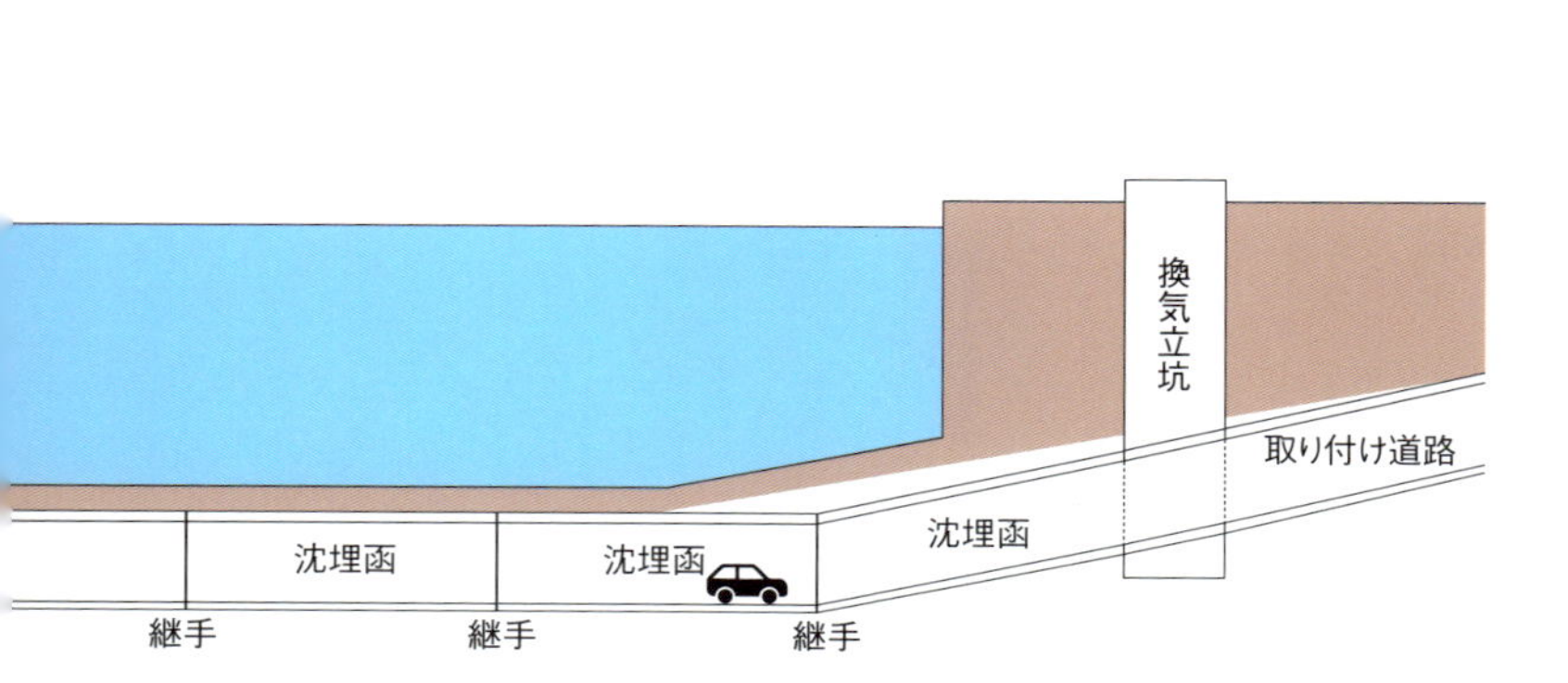

えない臨海部の大動脈として人知れず存在感を発揮している。

本書の狙いは、土木の「技」の1つである沈埋トンネルを通して、土木のすごさや巧みさ、技術開発の面白さを一人でも多くの人に知ってもらうことである。

世の中にはいろいろなタイプのトンネルがあるが、沈埋トンネルは極めてユニークで、そして奥が深い。本書を取りまとめた私は、技術者として駆け出しの頃にそのことに気づいた。沈埋トンネルは、1つの重さは数万トン、長さは100mを超えるような圧倒的に巨大な箱（沈埋函と呼ぶ）からできており、その沈埋函をいくつもつなげてトンネルにしている。沈埋函同士をつなげるときに使うのは、水の中にある「水圧」という自然の力である。「水の力を利用して水の流入を止める」、これを「水圧接合」と呼び、沈埋トンネル工法の大きな特徴となっている。

■一般的な沈埋トンネルの縦断面

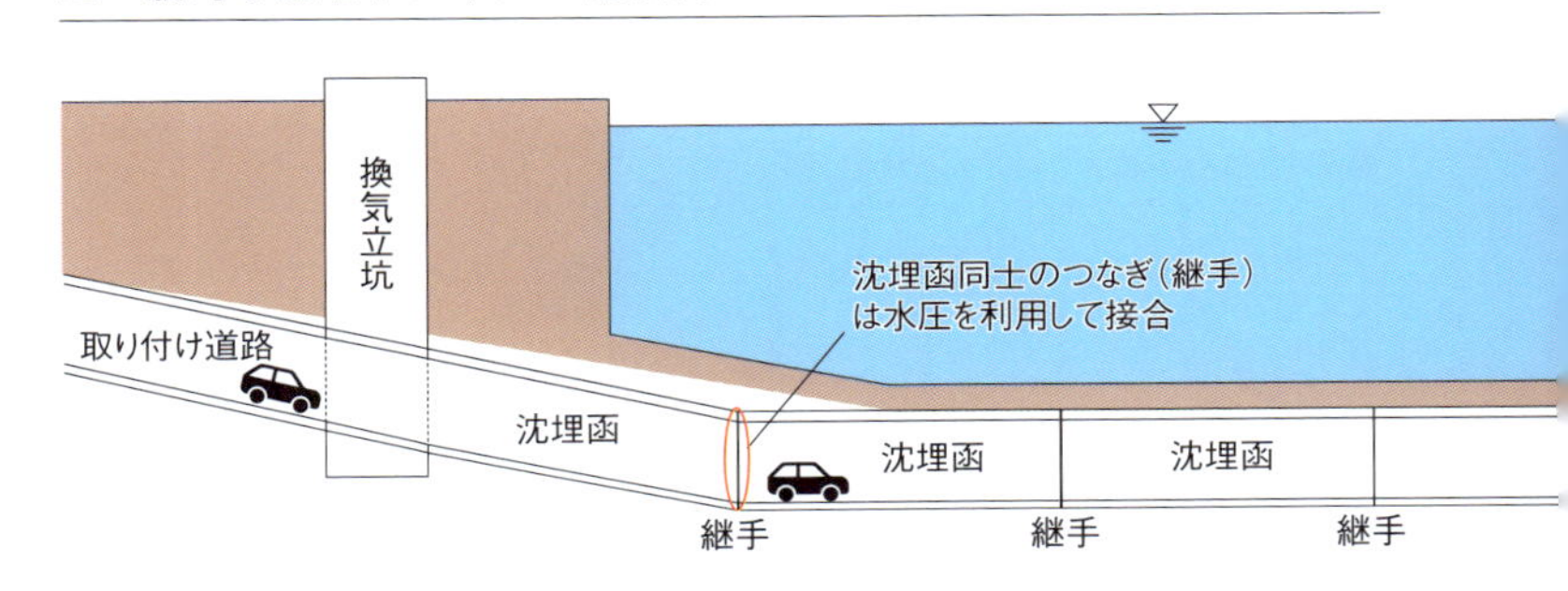

初めての沈埋トンネルの現場でその魅力に引き込まれる

私は1980年に大学を卒業し、海洋土木を得意とする五洋建設に就職した。入社して最初に土木設計部という部署に配属され、主に港湾施設の設計を手がけた。その時期に自然と身に付いたことが2つある。1つは、構造物は安全性を論理的に数値で評価すること。もう1つは、海上の構造物は施工時の安全性を評価して工事に臨むことが重要であること——であった。

入社5年後からは、海上工事の現場を経験することになる。その中で特に印象に残っているのが、伊豆諸島の三宅島で手がけた防波堤築造工事である。東京湾のような穏やかな内海と違って、太平洋に浮かぶ三宅島の水面はいつもうごめき、うねりが容赦なく押し寄せていた。工事は、東京湾内で製作した防波堤用のケーソン(函体)を三宅島までえい航して据え付けるものだったが、重さが約3000トンもある巨大なケーソンがうねりに翻弄されて

■一般的な沈埋トンネルの横断面

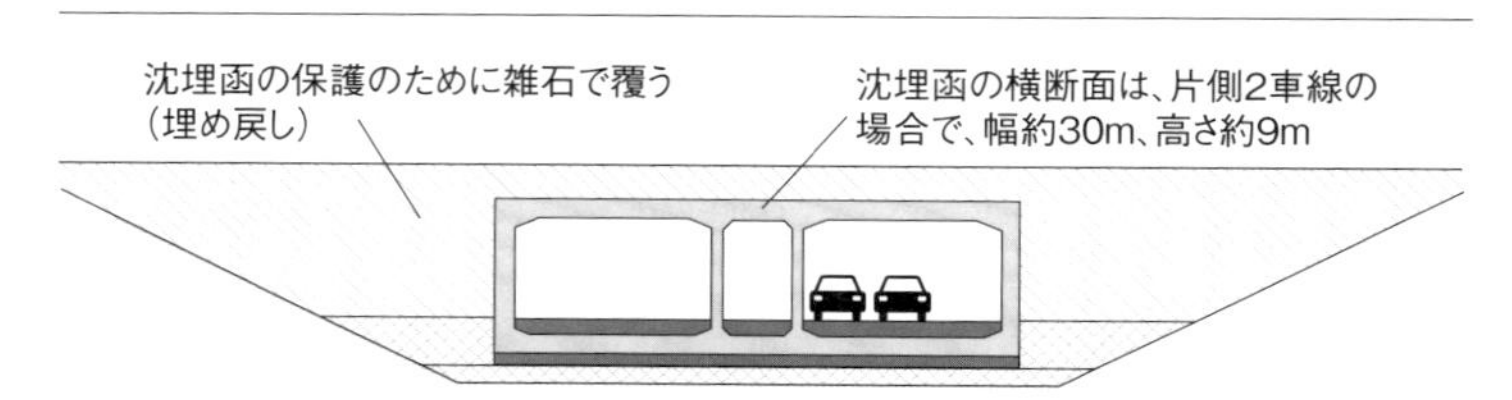
沈埋函の保護のために雑石で覆う
(埋め戻し)
沈埋函の横断面は、片側2車線の
場合で、幅約30m、高さ約9m

上下左右に暴れ、制御するのに難渋を極めた。

何千トンもあるどんなに大きな構造物でも、海面に浮いている限り、波のうねりに逆らうことはできない。そう知った一方で、海が静かで波がなければ、高い精度で構造物の動きを制御できるとも思った。海洋土木では、波の静かなときを予測して施工を段取りし、随時、海の動静を注視しながら工事を進めることが肝要だと学んだ。そこに、海という大自然が相手にある海洋土木の醍醐味や面白さを実感した。

その後、私が配属されたのは、羽田空港のほど近くで計画されていた首都高速道路湾岸線の「川崎航路トンネル」の建設現場であった。私にとって初めての沈埋トンネルの施工管理である。

現場に入ってまず圧倒されたのが、その巨大なスケールだった。6車線の道路が走るトンネルを構成する沈埋函1つ当たりの大きさは、長さ約130m、幅約40m、高さ10mに及ぶ。

さらに驚いたのは、それほど巨大な沈埋函を複数つなげてトンネルを形づくっていくプロセスで、水中にある「水圧」という自然の力を利用していくというのである。自然を活かす知恵から生まれた、この「水圧接合」という技術に、私は大きく魅せられた。

次章から沈埋トンネル工法のアウトラインを解説するのに先立って、以下で水底の構造物である沈埋トンネルならではの特徴をざっとお伝えする。水圧接合については、71ページでより詳しく説明するとして、いくつかの特徴を知ってもらえば、沈埋トンネルの面白さを少しは感じてもらえるだろう。

特徴その1＝巨大な沈埋函をあらかじめ造ってつなげるプレハブ工法

身近な例で見れば、戸建て住宅には、在来工法とプレハブ工法がある。前者は柱や梁のような部材を現場に運び込み、順番に組み立てていく。それに対して後者のプレハブ工法は、工場であらかじめ加工した部材や製作したユニットを現場で組み上げていく。工場加工が増えることで住宅の品質が上がるとともに、現場の施工手間が減って工期を短くできる。沈埋トンネルもまさにプレハブ工法を用いたものだと言うことができる。沈埋函をあらかじめ製作した上で、施工場所では沈埋函を海底に沈めてつなげていく。住宅との違いはそのスケールの大きさである。

23ページでも述べた通り、沈埋函の長さは通常１００ｍに及ぶ。横に切った断面も大きい。片側2車線が走る道路トンネルならば、断面の大きさは幅が約30ｍ、高さは約９ｍに上る。野球場と比較してみよう。ホームベースからセンターの外野フェンスまでが120mほどなので、沈埋函はホームベースからセンターフェンスの間を埋めるほどの大きさである。

住宅とはスケールが違うだけに、プレハブと一口に言っても工場の建屋の中で沈埋函を造るのは難しい。沈埋函を組み立てる広いスペースを海沿いに確保しておく必要がある。さらに、造った後、これだけ巨大な沈埋函をどうやって建設地まで運ぶのか考えておかないといけない。

■沈埋函と野球場の大きさの比較

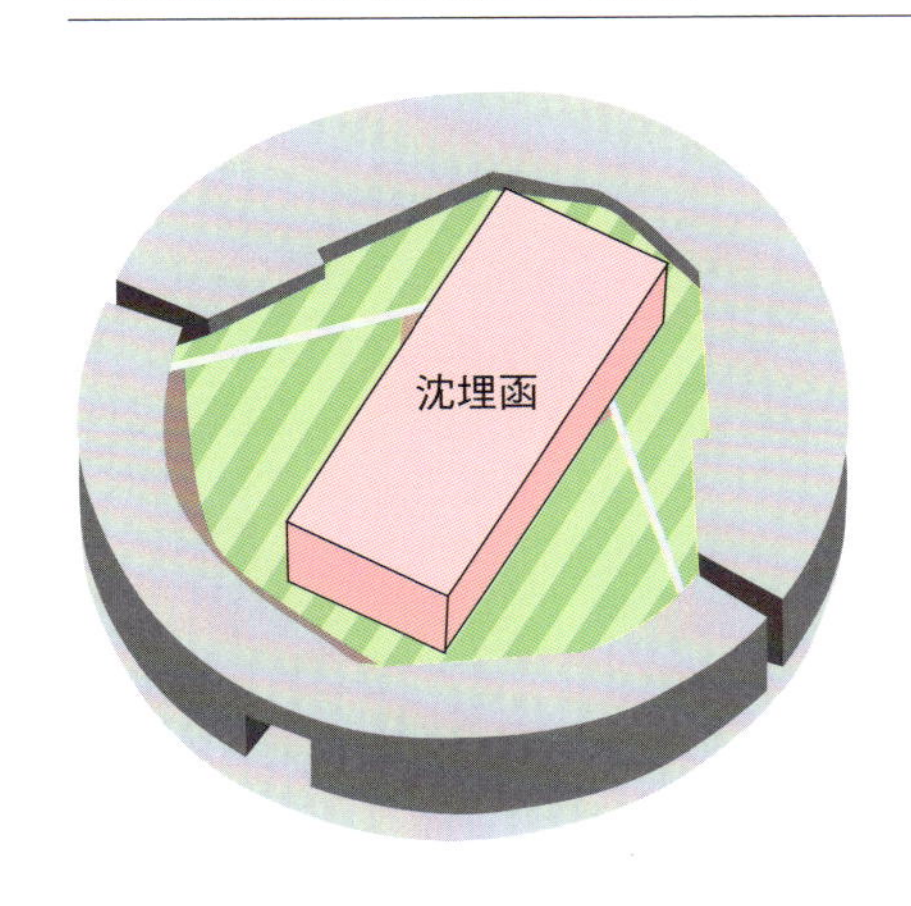

特徴その2＝水の中では沈埋函は想像以上に軽い

沈埋トンネルの2つ目の特徴は「軽さ」である。地上での重量は数万トンに及ぶとは言え、水中では沈埋函に浮力が作用しており、見かけの比重が小さいからである。たとえ軟弱な海底地盤上に設置しても地盤沈下しにくい構造物だと言える。

沈埋函の大きさをここでは、幅30m、高さ9m、長さ100mと仮定する。こんな巨大な沈埋函だが、海底に沈めるまでは海面に浮いている。これは、客船のような大きな船が海上に浮いているのと同様である。沈埋函はチューブ状で両端にバルクヘッドと呼ぶ鋼製のふたを付けて箱状にしている。本体が鋼板やコンクリートでできていて重量は数万トンに及ぼうが、中身が空洞なので見かけの比重が海水の1・03と同じか、それより小さくなり海面に浮くというわけである。

ちなみに、沈埋函を海面に浮かせているのは、沈埋函を造ったり、建設地に運んだりするのに、海上を運搬するため。これだけの大きさの構造物を陸上運搬するのは不可能である。

■沈埋函の姿図

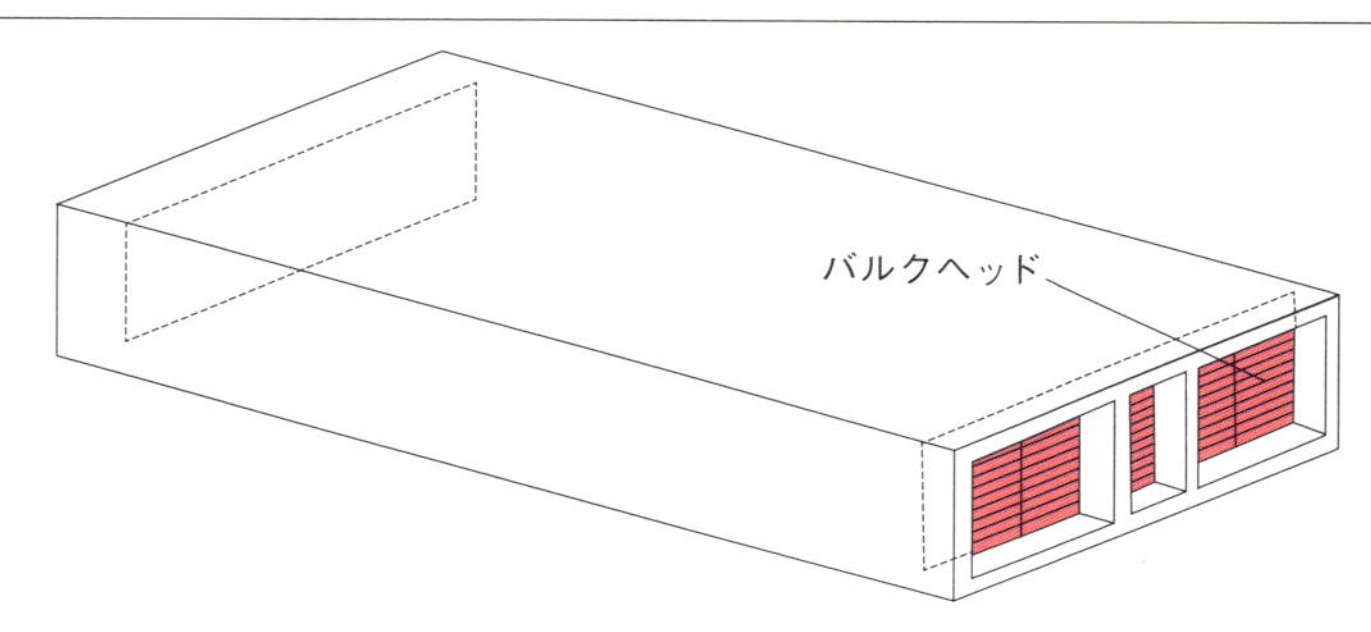

■沈埋函に働く浮力と沈埋函を沈める際の水中重量

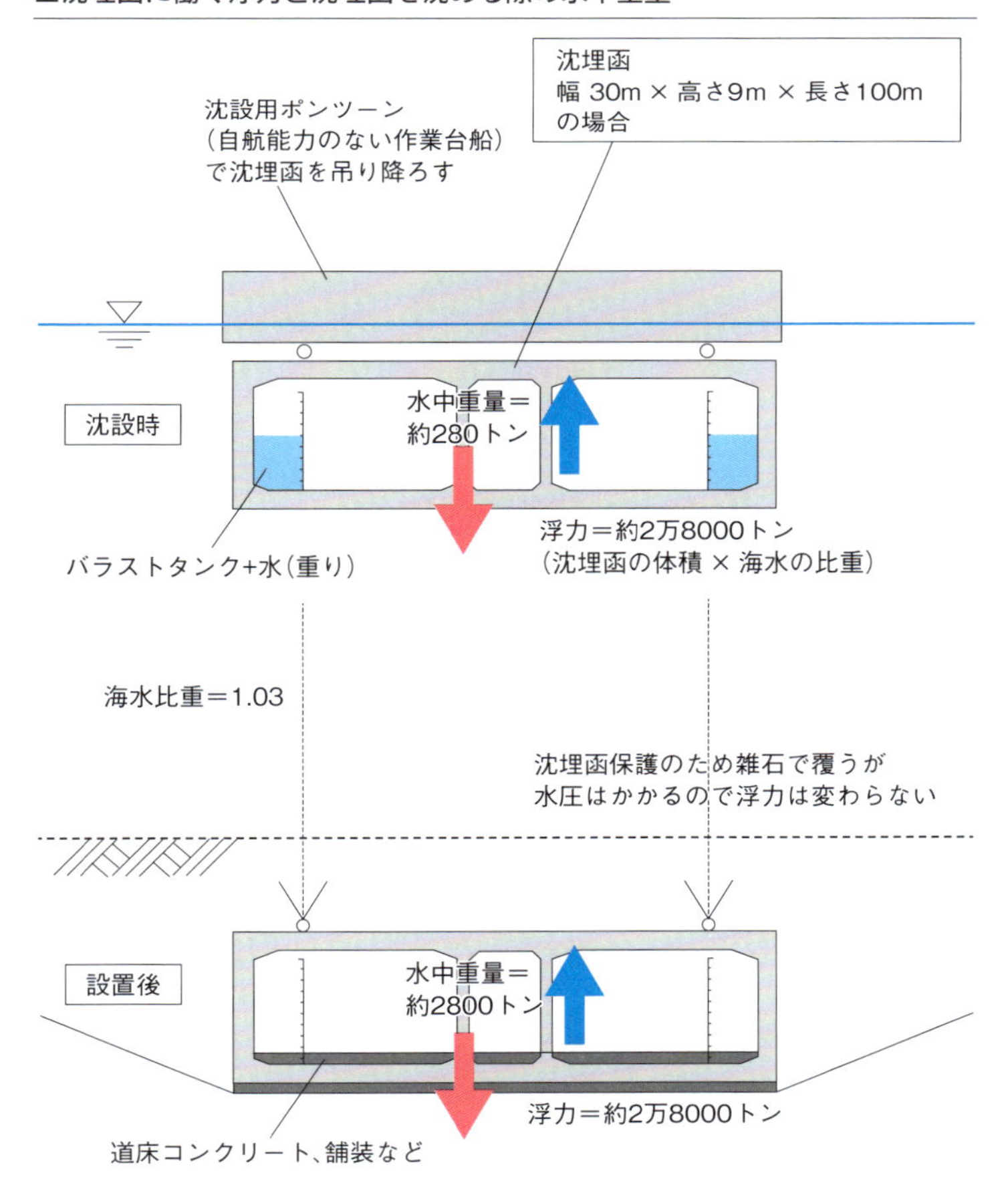

一方、沈埋函を沈めるのには、内部に備え付けたバラストタンクを利用する。容器状のタンクに入れる水の量で水中での重さをコントロールする仕組みである。これは潜水艦が潜航していくのと同じ原理である。沈埋函を沈める場合、仮定したサイズの沈埋函に作用する浮力は約2万8000トンとなり、水中重量が浮力の1％＝約280トンとなるようにバラストタンクに水を入れる。そして、沈埋函を海底でつなげた最終段階には、水やバラストタンクを撤去した状態で浮力の10％以上＝約2800トン以上になるように水中重量を調整する。地上では数万トンの沈埋函の重量が、浮力によってここまで小さくなるわけである。

沈埋函に働く浮力について簡単に説明しておこう。浮力は、沈埋函の上下・前後・左右に働く水圧の合計である。水平に働く水圧はつり合っており、水深が深いほど水圧は大きくなるので、函体の上下に働く水圧差がすなわち浮力となる。浮力は、アルキメデスの原理から、沈埋函の体積に海水の比重を掛ければ求められる。つまり、沈埋函のサイ

■水圧と浮力の関係

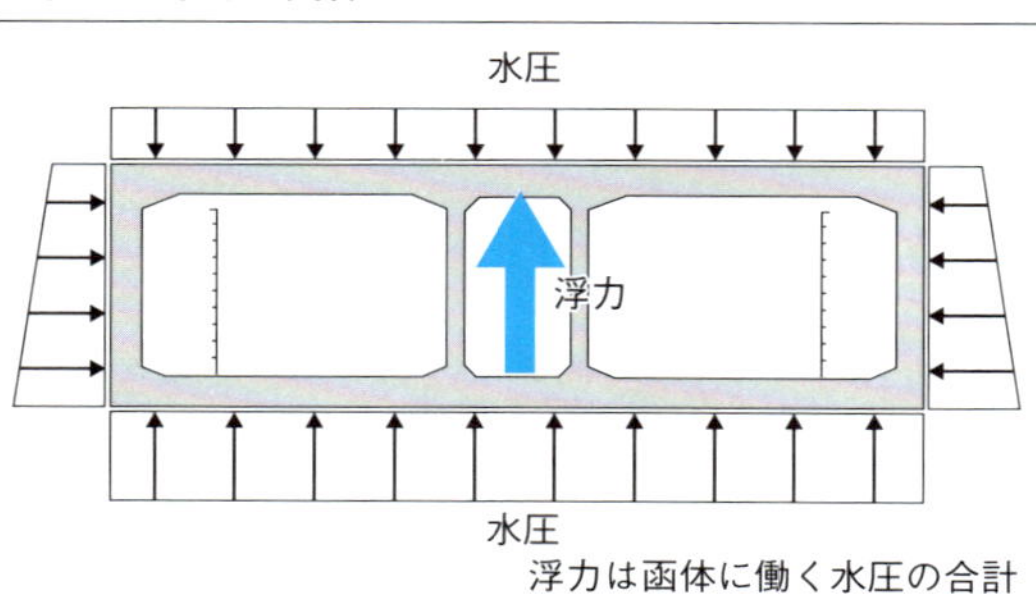

浮力は函体に働く水圧の合計

ズが大きくなるほど浮力も大きくなる。以上のことから、巨大な沈埋函が海底に設置されても海底の地盤には、それほど大きな負担がかからないことが容易に察せられる。

特徴その3＝水の力で大地震にも耐える

もう1つ知っておいてもらいたいのは、沈埋函を沈めてつなげる際に、水圧で沈埋函が水平に押される力の大きさである。

すでに海底まで沈めて接合された状態の沈埋函（既設函）に、新たな沈埋函（新設函）を接合する場合、止水用のゴムを縁にぐるりと巡らせた新設函を直前の既設函に押し付ける。そして、沈埋函同士の隙間に残っている水を抜くと、その分の水圧がなくなり、結果的に新設函が後ろから水圧で押されるメカニズムである。

例えば、大阪港咲洲（さきしま）トンネルの場合、各沈埋函のサイズは幅35・2m、高さ8・5m、長さ約103mである。この

■沈埋函同士の水圧接合時のイメージ

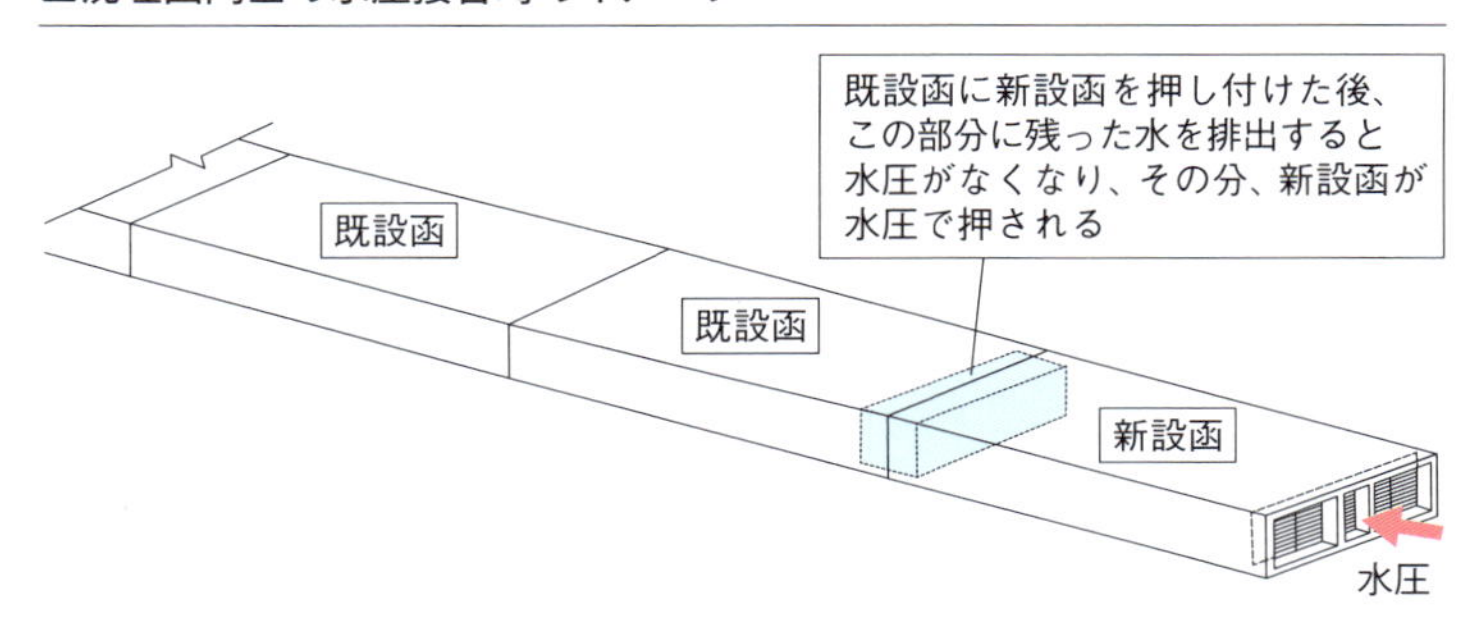

沈埋函同士をつなげる際、水圧接合によって実に約６０００トンの水圧力で新設函が押し付けられる。こうした水圧でつながった両函をその状態を維持する形で内部から仕上げて接合部（継手）が完成する。

ところが大阪港咲洲トンネルでは、６番目の沈埋函を水圧接合したものの、仕上げがまだの状態で阪神・淡路大震災（兵庫県南部地震）に遭った。

既設函と新設函の沈埋函同士は本来、多数の連結ケーブルでつなげたり、水平方向と鉛直（えんちょく）方向につなぎ目がずれないようにズレ止め（せん断キー）を取り付けるなど、下準備をした上で、内部から仕上げて継手を完成させる。大阪港咲洲トンネルの６号函の接合では震災時、下準備にも着手していなかった。

しかし、震災直後の点検では、継手部分が開いてしまうような異常は見つからなかった。図らずして水圧接合の強さが証明された格好である。

■大阪港咲洲トンネルの施工における阪神・淡路大震災（兵庫県南部地震）時の沈埋函設置状況

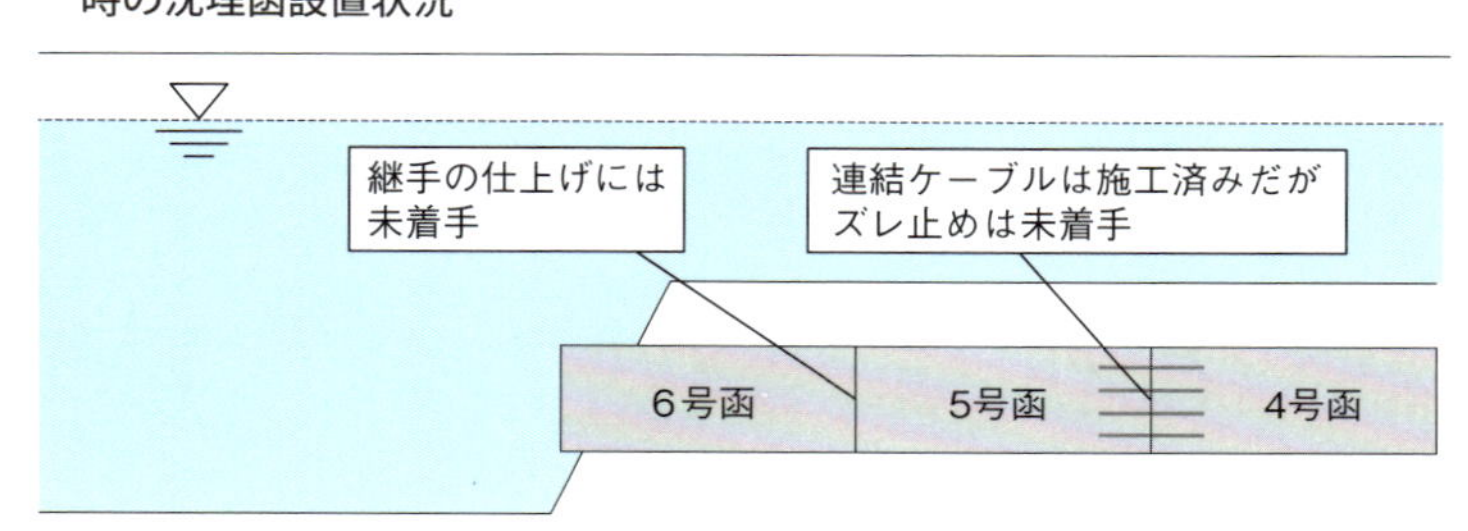

第一章

穴を掘らずに水底をくぐる「沈埋トンネル」

日本列島には多くのトンネルがある。国土交通省の資料によると、1万あまりの道路トンネルと、５０００弱の鉄道トンネルがあるという。

そうしたあまたのトンネルの中で、本書の主役である「**沈埋トンネル**」とはどのような存在なのか。まずはトンネルというものの全体像を俯瞰（ふかん）してみて、そこから沈埋トンネルの位置づけを絞り込んでいきたい。

トンネルというと、山を貫く「**山岳トンネル**」を思い浮かべる人が多いかもしれない。確かに、山地が国土の4分の3を占める日本には、海岸部から山あいまで至るところに山岳トンネルがある。けれども、そのように立地によって分類すると、他にも「**都市トンネル**」や「**水底トンネル**」といったものがある。都市トンネルは、土地の高度利用が求められる大都市圏に多く見られるもので、例えば首都高速道路の都心環状線や中央環状線のトンネル区間は、その多くが都市トンネルに当たる。

もう1つの水底トンネルは、河川や運河や海の下をくぐり抜けるトンネルである。海底トンネルという言葉のほうが一般の人たちにはわかりやすいかもしれないが、海底トンネルというのは水底トンネルのうち、海の下に造られたものを指す。水底トンネルの大半は大都市の臨海部にあり、川や運河、海で隔てられた陸路をつないで、人の移動や物流にとっ

■場所によるトンネルの分類

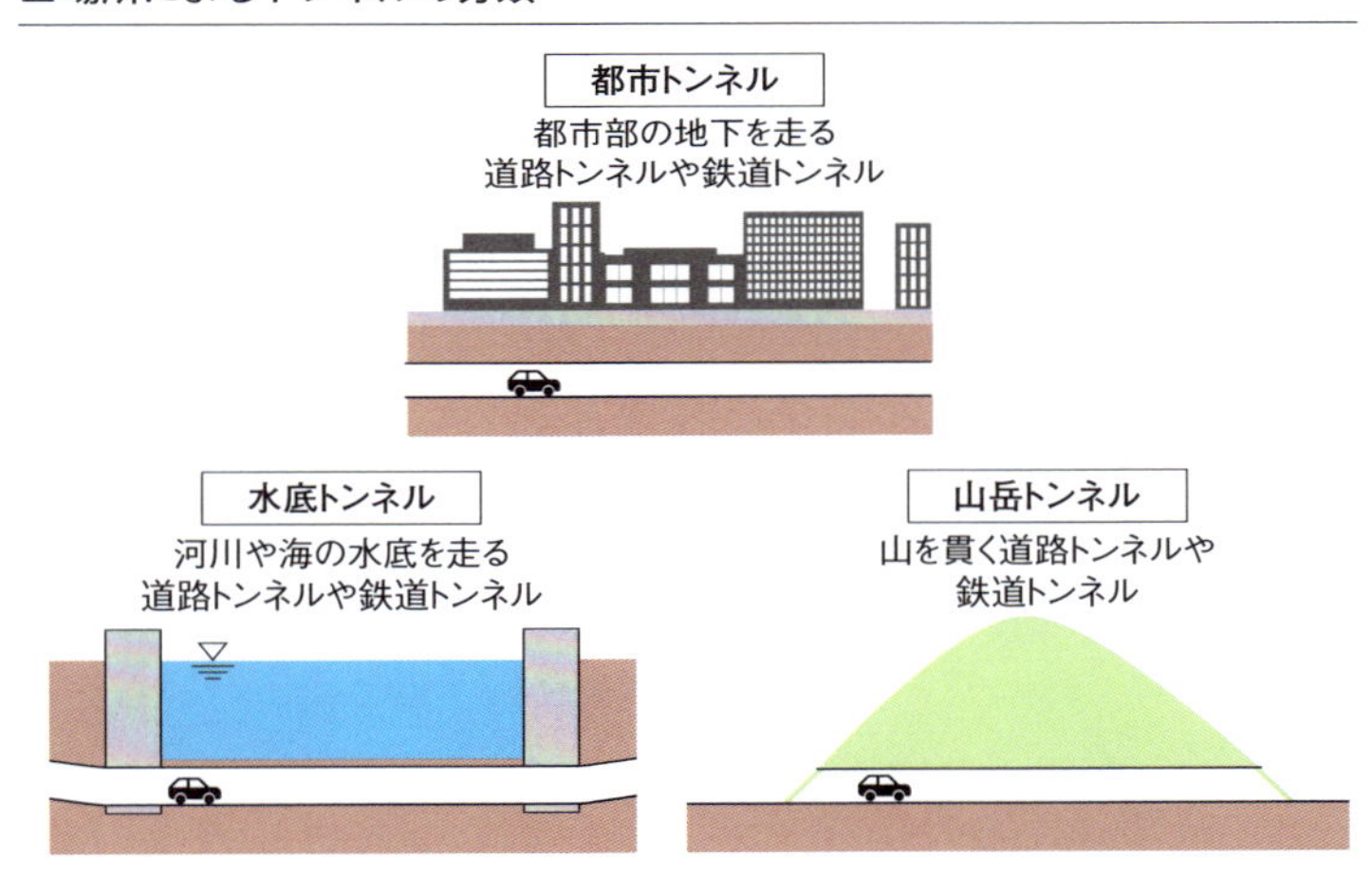

て欠かせない動脈として機能している。

日本で最も古い水底トンネルは、本州と九州を隔てる関門海峡をくぐるＪＲ山陽本線の「関門トンネル」で、１９４２年に開通した。古来、交易の拠点であり続ける関門海峡には、わずか数キロの範囲に３つの海底トンネルが集まっている。残る２つは、国道２号の「関門（国道）トンネル」（１９５８年開通）と、山陽新幹線の「新関門トンネル」（１９７５年開通）である。ちなみに、関門海峡には、さらにもう１つ関門自動車道が通っているが、こちらはトンネルではなく「関門橋」という吊り橋形式の橋梁で海を越えている。

本書のテーマである沈埋トンネルは、水

■沈埋工法のイメージ

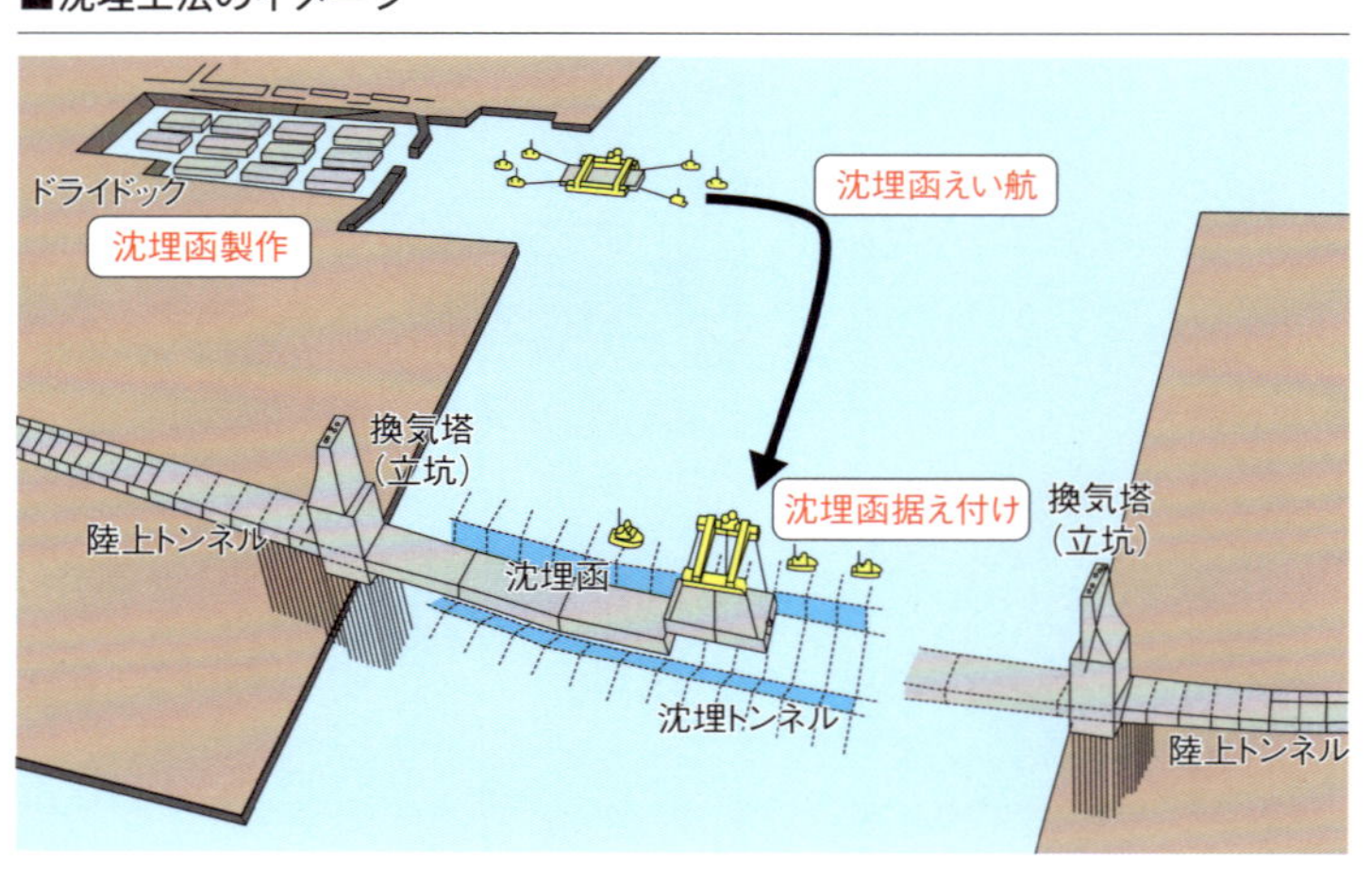

底トンネルを造る「工法」の1つである。沈埋トンネルの造り方を「**沈埋工法**」と呼ぶ。

トンネルは横方向に穴を掘り進んで造るもの――。多くの人たちはそんなイメージを持っているかもしれない。しかし、沈埋工法では、横方向に穴を掘っていくことはない。沈埋という言葉通り、沈めて埋めることでトンネルを造る。通常、沈埋するのは、鉄とコンクリートでできた「**沈埋函**」と呼ばれる四角い筒状の箱である。沈埋函は、あらかじめ造っておく。それを現場に運び、水底の所定の位置に沈めた後、上から雑石などをかぶせて埋め戻す。こうして複数の沈埋函を埋めると、四角い筒状の沈埋函がつながってトンネルになる。

■一般的な沈埋トンネルの断面

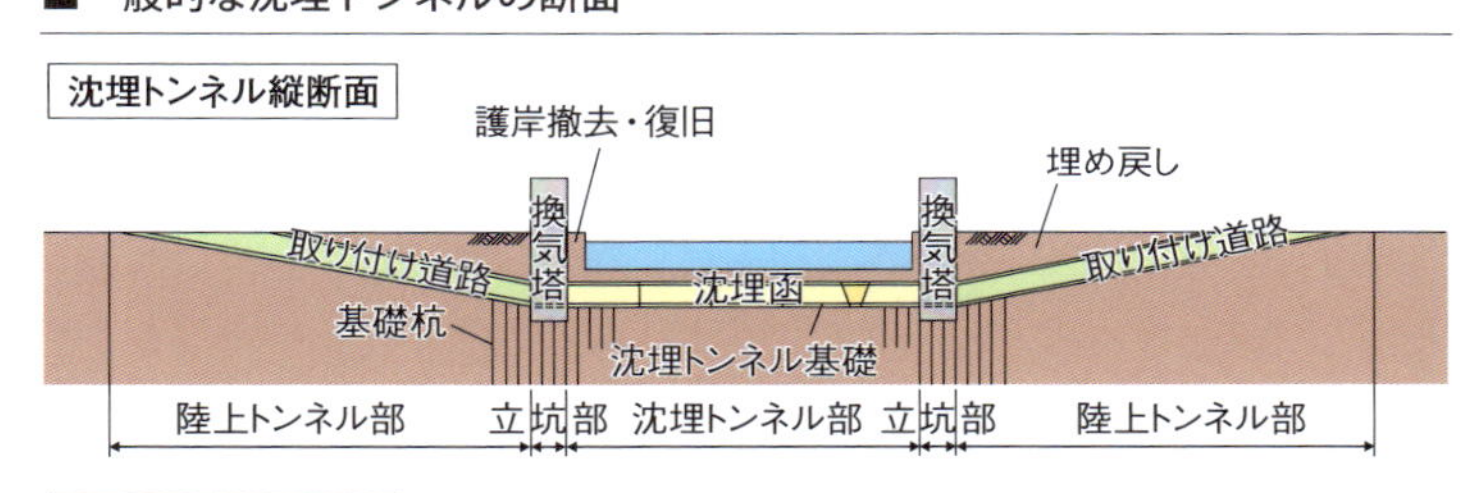

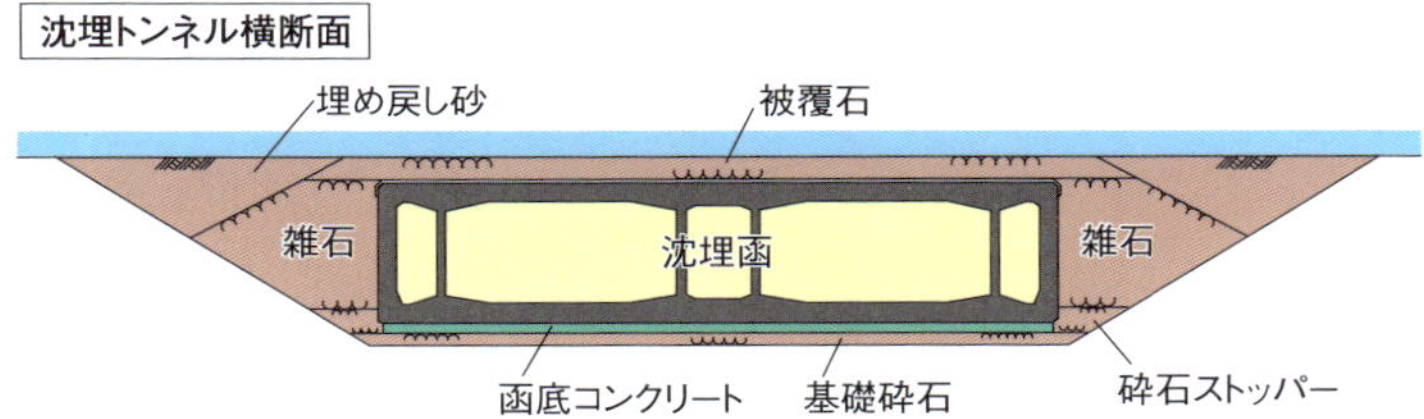

沈埋函をつなげたトンネルのことを「**沈埋トンネル部**」と呼ぶ。実際の沈埋トンネルは、この沈埋トンネル部のほかにアプローチ部となる「**陸上トンネル部**」と「**立坑**(たてこう)**部**」を含めた3つの部分で構成されるのが一般的である。水底をくぐる沈埋トンネル部の両側に、トンネルの換気塔である立坑部が垂直に地上まで立ち上がり、さらにその先の地中から地上までの取り付け道路として陸上トンネル部がつながっている。

立坑部と陸上トンネル部は、基本的に陸上にあるため、一般的な土木工事として施工することができる。それに対して、沈埋トンネル部は海や運河や川の底なので、現場は水中という厳しい条件下で工事を進めなければならない。そのことが多くの知恵を引き出し、様々な新しい技術を生んできた。

その象徴として、水中に働く水圧という自然の力を利用する「**水圧接合**」が挙げられる。水中という厳しい環境を逆手に取って、水の力を借りて巨大なトンネルを築いていくというのは、沈埋トンネルだからこそ生まれた技術と言えるだろう。

経済成長と共に急増した沈埋トンネル

ここでいったん沈埋トンネルの歴史を振り返っておこう。

1885年にオーストラリア・シドニー湾に長さ380mの水道管が、海底に函体を敷き並べて造られた。これが、沈埋工法の最初といわれている。今日行われているような本格的な沈埋工法による水底トンネルとしては、1894年に米国・ボストン港で外径2・6mの下水幹線が造られたのが最初と考えられる。

1910年には、初めて沈埋工法による鉄道トンネルが完成している。当時、自動車工業都市として急成長し始めた米国・デトロイトと、デトロイト川を挟んだ対岸のカナダ・ウィンザーとを結ぶ「デトロイト河底鉄道トンネル」である。

海外では、これまでに約120カ所の沈埋トンネルが完成している。米国と欧州では大きくタイプが異なり、米国は円形断面の鋼殻(こうかく)方式、欧州は四角い矩形断面の鉄筋コンクリー

■国内外における沈埋トンネルの完成数　※2023年現在

年代	国内	海外	合計
1900年以前		1	1
1900年代			
1910年代		3	3
1920年代		2	2
1930年代		1	1
1940年代	1	3	4
1950年代		9	9
1960年代	4	24	28
1970年代	10	22	32
1980年代	4	15	19
1990年代	4	21	25
2000年代	4	10	14
2010～20年代	3	12	15
合計	30	123	153

ト方式を基本とするタイプを採用して、それぞれに技術を発展させている。

２０２４年現在、ヨーロッパではバルト海にあるフェーマルン・ベルト海峡に全長17・６㎞、ドイツとデンマークをつなぐ世界最長の沈埋トンネルが建設中である。４車線の高速道路と複線の鉄道からなる道路・鉄道併用の海底トンネルとなる。

一方、国内に目を向けると、１９３５年に大阪・安治川を渡るトンネルが、初めて沈埋工法で計画された。このトンネルは第二次世界大戦の影響を受けながらも、戦中の１９４４年に完成した。長さ49ｍの沈埋函１函を、両岸に設けた支持台をまたぐ形で設置したものである。

■近年の国内における沈埋トンネル事例

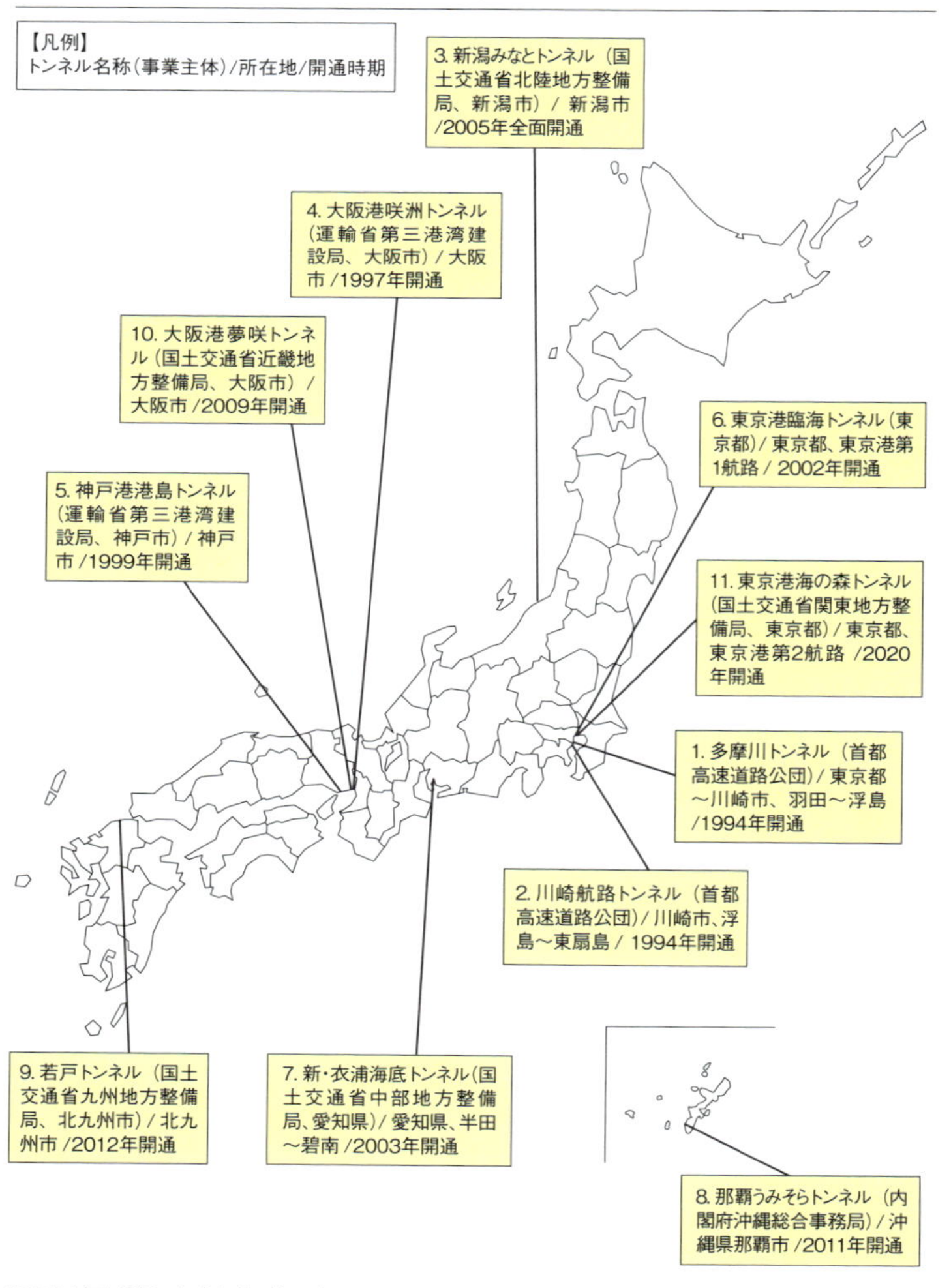

※1994年以降に完成したプロジェクト。通し番号は、事業開始順を示す
※事業主体は完成時の名称
※トンネル名は現在の名称

その後、高度経済成長期に入ると、大都市圏の臨海部で道路・鉄道の需要がにわかに高まり、１９６０年代以降、現在に至るまでに30本の沈埋トンネルが完成している。「川崎航路トンネル」や「多摩川トンネル」（共に１９９４年開通）、「大阪港咲洲トンネル」（１９９７年開通）の建設を機に、目覚ましい形で新技術の開発・導入が進み、なかでも国内初の道路・鉄道併用トンネルとして完成した大阪港咲洲トンネルで沈埋函に「鋼コンクリート合成構造」（鋼殻の中にコンクリートを打設して一体化した沈埋函の構造、52ページ参照）が採用されて以来、日本独自の技術が進化してきた。

国内における沈埋トンネルは、主要港内に造られた埋立地を、既存の陸上部とつなぐ場合などに、道路トンネルもしくは道路・鉄道併用トンネルとして採用されるケースが多数である。いずれも交通や物流の大動脈として重要な機能を担っている。

5つのプロセスで造る沈埋トンネル

では、具体的にどのようにして沈埋トンネルを造るのだろうか。工事の手順をわかりやすくひもとくと、次の5つのプロセスに分けられる。各プロセスで用いる技術などの詳しい内容は、第二章の「沈埋トンネルはどう造る?」で解説することにして、まずは大きな流れをつかむところから始めよう。

①トレンチの造成

沈埋トンネル建設地で、沈埋函を沈設するための「トレンチ」と呼ばれる溝を掘削し、基礎を設置する。

②沈埋函の製作

陸上のドライドック(臨海部の製作ヤード)や造船ドック、あるいは建設地近くの水上で、沈埋函を製作する。トンネルの区間は長いので、いくつかに分割して沈埋函を造る。1函当た

■①トレンチの造成

■②沈埋函の製作

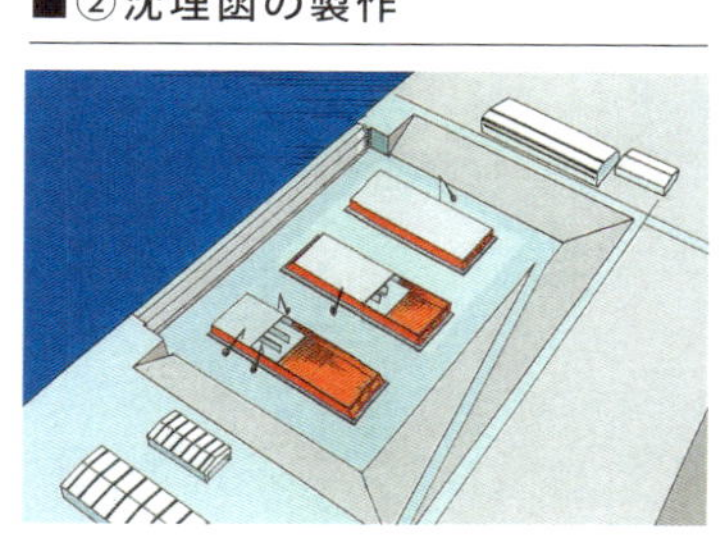

り100m前後の長さに分割して製作することが多い。

③沈埋函の沈設

製作した沈埋函を、造成済みのトレンチ部まで海上をえい航した後、ポンツーン（自航能力のない作業台船）などを用いて1函ずつ所定のトレンチに沈設していく。

④沈埋函の接合

沈設しながら隣り合う沈埋函同士を、「継手」を介して「水圧接合」によって隙間なくつなげていく。最後の1函を沈設して、つなぎ終えると、1本のトンネルの形が出来上がる。

⑤埋め戻し

沈埋函を接合後、その都度上面と側面に1・5～2mの厚みの雑石をかぶせて埋め戻す。トンネル内に電気や換気などの設備を設置し、最後に道路舗装などの仕上げを施して完成させる。

■③沈埋函の沈設

■⑤埋め戻し

ライバルはシールドトンネルと橋梁

では、沈埋トンネルが建設されるのは、具体的にどのような場所、あるいは場合なのだろうか。

沈埋トンネルが建設される立地は、ほとんどが臨海部の河川や運河である。しかし、河川や運河を越えて陸地をつなぐ方法の選択肢は他にもある。まず、水底をくぐるトンネルではなく、水上を越える橋梁という選択肢がある。そして、同じトンネルにも他の工法がある。その代表格が「**シールドトンネル**」である。シールドトンネルは、沈埋トンネルとは考え方も造り方も全く異なるが、トンネルの施工法を検討する際、両者はしばしば競合する。

沈埋トンネルと違って、シールドトンネルは水中で施工することはない。水底のさらに下の地盤を、シールドマシンという巨大な掘削機を使って、もぐらのように水平方向に掘り進んでいく。この造り方を「シールド工法」と言う。出来上がが

■沈埋トンネルと橋梁やシールドトンネルとの断面比較

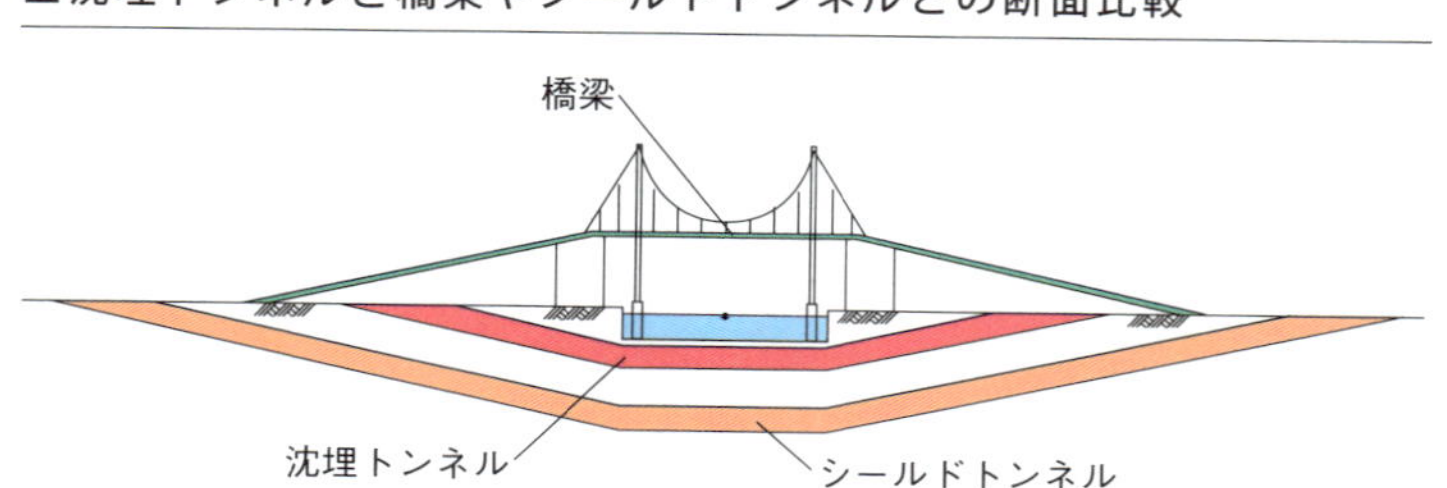

るトンネルの断面は対照的とも言えるもので、国内の沈埋トンネルはもっぱら四角い箱状だが、シールドトンネルは円形が基本である。

シールド工法に代表される他工法は、トンネルの工法選択の際、沈埋トンネルの競合相手となるが、沈埋トンネルには大きく次の４つの特徴がある。

■沈埋トンネル形式の例

東京港海の森トンネルは、往復分離で片側2車線とされた

■橋梁形式の例

橋梁は下を通過する船舶の状況で設置条件が変わる。写真は多摩川スカイブリッジ

①水底のトレンチに沈埋函を設置するので、１・５～２ｍ程度の小さな土被りで造れる。水底の浅い位置に築造できるので、深い水底

下を掘り進むシールド工法などよりも、陸上とのアクセス部（陸上トンネル部）を短くすることが可能である。

②トンネルに水による浮力が作用するため、見かけ上の比重が小さくなる。軟弱地盤のように地盤の支持力が小さい場所でも、特別な基礎を設けずに済む。

③幅広の断面や、用途に応じた断面形状のトンネルを築造しやすい。トンネル本体となる沈埋函をドライドックなどで製作することが、それを可能にする。

④沈埋函の外側を鋼板で囲むことなどで、高品質で遮水性に優れたトンネルが造れる。

大断面に強い沈埋トンネル

シールドトンネルとの比較では、トンネルの断面も影響する。通常、1～2車線程度の道路トンネルであれば、シールドトンネルのほうが沈埋トンネルよりも経済的に勝る。ところが、6車線もあるような大きなトンネル断面の場合、それをシールドトンネルにしようとすると、1本のトンネルで済まなくなる。そのため、大断面が可能な沈埋トンネルの優位性が高くなってくる。

事実、国内で完成している沈埋トンネルの多くは、幅30～40mの大きな沈埋函を用いている。例えば、6車線の首都高速道路湾岸線の「多摩川トンネル」や「川崎航路トンネル」

（共に1994年開通）で使われているのは幅40mの沈埋函である。

大型船舶が航行するならトンネルに有利な面も

では、もう1つのライバルである橋梁はどうか。単純に経済的な優位性という点で言えば、建設地の運河などで大型の船舶が通らなければ橋梁が最も有利である。しかし、臨海部の運河などはむしろ多くの船舶が行き交う。大型船が航行するとなると、橋梁はそのクリアランスを確保するために、橋桁を高い位置に架けなければならない。そして、橋の位置が高くなるほど、やはり地上とのアクセス部分が長くなっていく。そのため、臨海エリアの埋立地との間をつなぐようなケースでは、全長を短くできるという点で沈埋トンネルが優位になる可能性がある。

多摩川・川崎航路の両トンネルはどちらも羽田空港の間近に位置する。航空機が頻繁に発着するため、周辺エリアは航空管制上の観点から高い位置に橋梁を架けるのは難しい。そこで、水底をくぐり、大きな断面でも優位な沈埋トンネルが選ばれた経緯がある。同じように、直近に那覇空港がある「那覇うみそらトンネル」（2011年開通）でも、橋梁を避けて、沈埋函の幅が約37mの沈埋トンネルが造られた。

その場所に最もふさわしいのは沈埋トンネルなのか、シールドトンネルなのか。あるいはトンネルではなく、橋を架けることか。最終的な判断は、建設地周辺の状況や建設コスト、工期などあらゆる条件を基に三者を俎上に載せて比較検討した結果、どれが最もトータルな優位性を有しているかにかかっている。

第二章

沈埋トンネルはどう造る？

前章で、沈埋トンネル建設の大きな流れを5つのプロセスに分けて触れたが、ここではその中でも沈埋トンネルを象徴する技術が凝縮された3つのプロセスについて、さらに掘り下げてみたい。沈埋函を「造る」「沈める」「つなげる」という3つのプロセスである。

1. 沈埋函を「造る」

沈埋トンネルは、複数の沈埋函を隙間なくつなげたものである。そのため、和菓子のようかんを切り分けるように、トンネル区間をいくつかに分割して沈埋函を製作する。分割する長さは、製作や海上の運搬（えい航）、沈設などの作業性を考慮して決める。国内では1つの沈埋函の長さを100m前後とする例が多い。

沈埋函にも構造別に4つのタイプがある

一口に沈埋函と言っても、実はいくつかのタイプがある。構造のタイプ別に見ると、「**鋼殻構造**」「**コンクリート構造**」「**鋼コンクリート合成構造**」、そして「**プレキャストセグメント構造**」の4つである。このうちプレキャストセグメント構造は日本の大型沈埋函では実績がないので、ここでは残る3つの構造について説明したい。

国内で造られた沈埋トンネルの初期の構造で、伝統的な形式と言えるのが、**鋼殻構造**である。臨海部の造船ドックなどで、沈埋函の防水機能と、進水浮上させるために必要な剛性を併せ持つ鋼殻を製作し、内部に鉄筋を組み立ててそこにコンクリートを打ち込んで完成させる。コンクリートの打設は、鋼殻を海上に浮かべて、係留した状態で行うのが一般的であるが、コンクリートを打設する際に沈埋函が変形しやすく、製作精度の確保が大きな課題となる。また、鋼殻の内部に鉄筋を組んでコンクリートを打設する作業となるため、作業性の問題もあり、近年、国内では用いられていない構造である。

■製作方法による沈埋函の分類

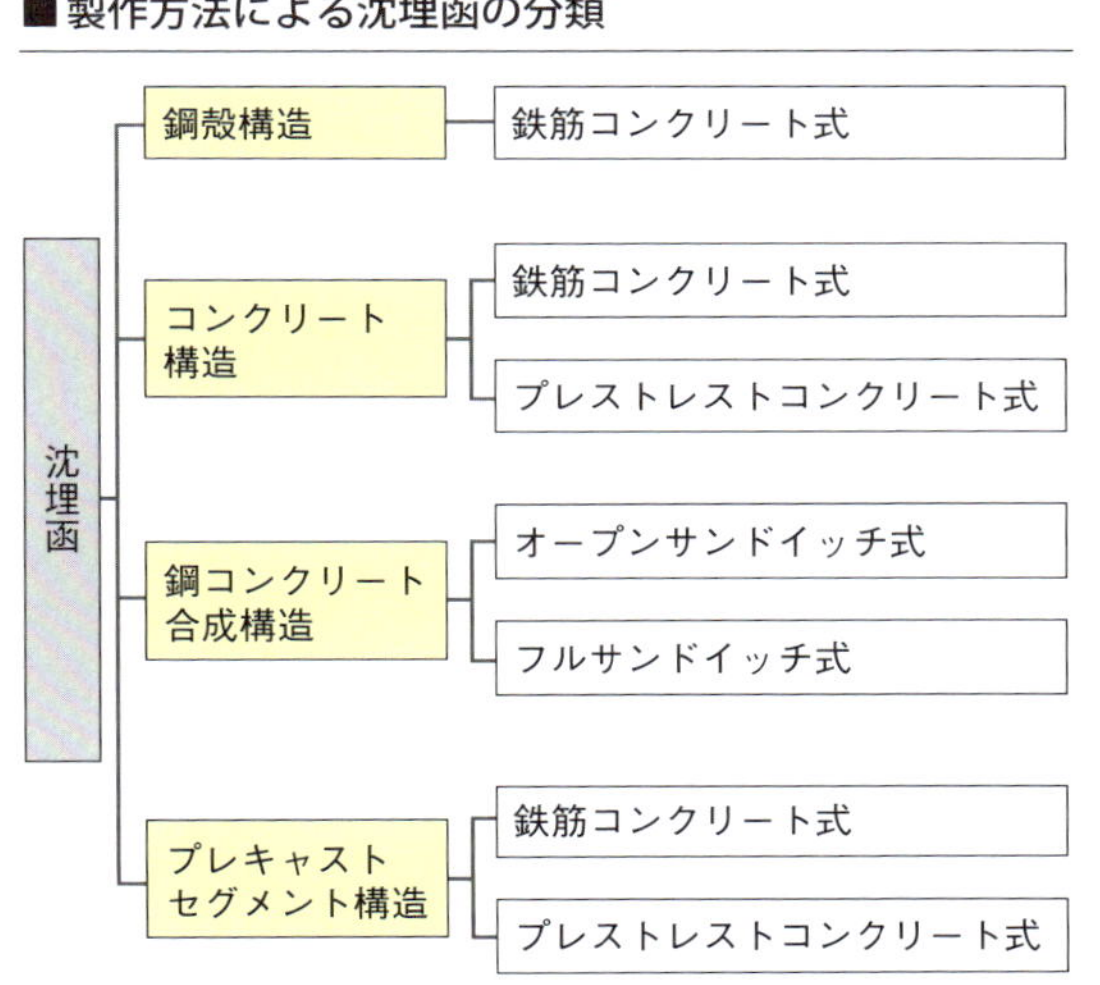

2つ目の**コンクリート構造**は、言うまでもなくコンクリート製だが、沈埋函の長手方向の端部に鋼殻を取り付け、側面

■一般的な沈埋函の構造

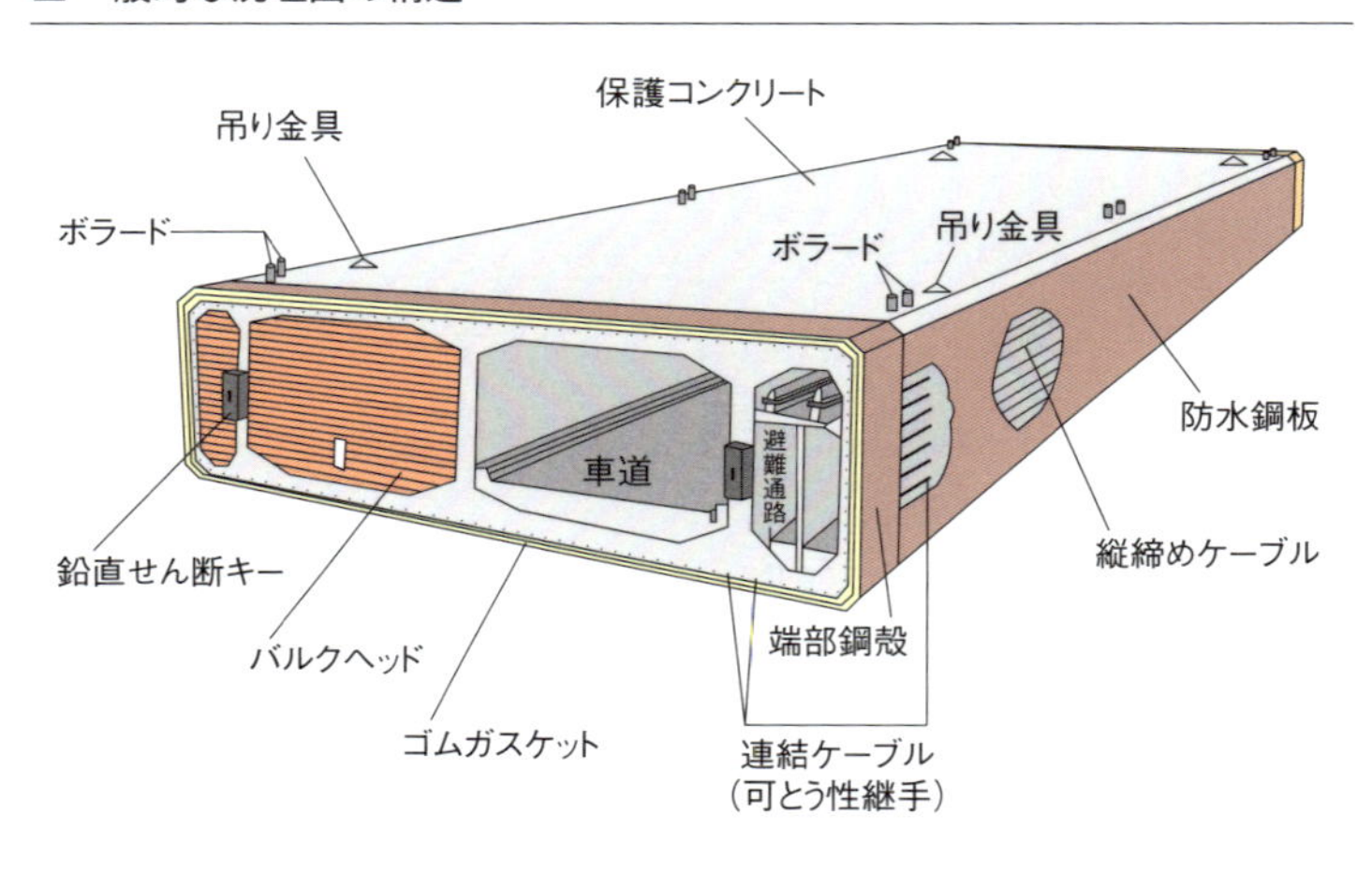

と底面は防水鋼板、上面は防水シートを用いて被覆する。コンクリート構造の沈埋函には、鉄筋コンクリートを使うものと、プレストレストコンクリートを用いるものの2種類がある。後者は、鉄筋コンクリート製よりも水密性に優れている。また、コンクリート構造の沈埋函はドライドック（臨海部の製作ヤード）など安定した底盤の上で製作されるため、変形が少なく出来形（できがた）精度の高い沈埋函製作が可能である。

沈埋函が進化してサンドイッチ構造に

３つ目の**鋼コンクリート合成構造**は、鋼とコンクリートの長所を活かした構造で、「**オープンサンドイッチ式（構造）**」と「**フルサンドイッチ式（構造）**」がある。

オープンサンドイッチ式は、函体の外面だけを鋼板で製作し、その内側に鉄筋を組んでコンクリートを打設して一体化する。コンクリート構造に似た印象を与えるかもしれないが、コンクリート構造に比べて外側の鉄筋量を大幅に減らせるとともに外側の鋼板は防水鋼板としても機能するメリットも備えている。コンクリートの片面だけに鋼板があるので、オープンサンドイッチと呼ぶ。

それに対して、**フルサンドイッチ式**は、函体の外面に加えて内面にも鋼板を設けた構造となっており、その間にコンクリートを打設して全体を一体化する。外側の鋼板は防水鋼板としての機能も有する。こう書くと鋼殻構造と区別がつかないと言う人がいるかもしれないが、フルサンドイッチ式は内外の鋼板が鉄筋を代替するため、鉄筋は不要となり、鋼殻構造とは大きく異なる。

フルサンドイッチ式は、およそ３ｍ四方の鋼板で仕切られた部屋を組み合わせたような構造となっている。仕切りとなる鋼板がせん断補強鋼板として機能し、鋼板内側に配置したシアコネクタと呼ばれるアングル鋼材がコンクリートと鋼板のずれを防止して一体化を図る構造である（60ページの図を参照）。

フルサンドイッチ式による沈埋函を用いた沈埋トンネルは１９９０年代末から本格的に造られ始めた。フルサンドイッチ式の沈埋函の製作に欠かせない「高流動コンクリート」の開発を機に普及した。高流動コンクリートの打設方法は104ページに詳述する。

巨大な沈埋函をどこで造るのか？

沈埋函は巨漢の構造物である。近年の代表的な沈埋トンネルで使われた沈埋函は、幅25〜40mほど、高さは8〜10m、そして長さは66〜130mもある。そのうち、最も巨大なものは、多摩川トンネルと川崎航路トンネルの沈埋函で、幅40m、高さ10m、長さ131m。果たしてその重量は5万2000トンである。

逆に小さなものはどのくらいか。比較的、小ぶりなのは「新・衣浦海底トンネル」（2003年開通）の沈埋函で、幅13・5m、高さ8・45m、長さ111・94mで、重さは約1万3000トン。沈埋函としては軽量だが、少しも軽くない。どの沈埋函も超重量級であることに変わりはない。

「ドライドック方式」による大断面の函体製作

国内における大断面の沈埋トンネルの沈埋函製作は、1980年代まではほぼ「**ドライドック方式**」が主流であった。例えば、1980年代に事業が始まった多摩川・川崎航路の両トンネルも、「新潟みなとトンネル」（2005年全面開通）も、沈埋函を造るために確保した広大な仮設のドライドックで製作されている。国際的に見ても、沈埋トンネル工法の技術的先達（せんだつ）であるオランダをはじめ、欧州で最も主流なのはドライドック方式だった。

■造船所を活用したドライドックの例

造船所の既設ドックを利用して鋼殻を製作する場合もある

ドライドックとは、函体製作のために臨海部などの陸上に設ける施工ヤードを指す。造船所の既存施設を使ったり、仮設の施設を造ったりするケースがある。

ドライドックには、立地などいくつかの条件がある。例えば、「できる限りトンネル建設地の近くで、えい航する航路を含めて、諸作業に必要な水深を満たす海域に面していること」「必要な規模や面積の施工ヤードを確保できること」「周辺海域の海洋条件が穏やかなこと」「ヤード確保にかかるコストが、トンネル建設全体のコストに照らして見合うこと」などが挙げられる。

造船所にある船舶用・海洋構造物用の既存施設を利用する場合は、函体構築に要する諸設備が整っており、人員のアクセスや資材などの搬出入に関する利便性も期待できるといったメリットがある。その一方で、本来は用途が異なる施設なので、既存ドックの幅や深さ、喫水(函体が浮いたときの最下面から水面までの距離)、函体重量を支えるドック底部の強度といった仕様のほか、沈埋函製作のためにドックを占有する時期や期間などにより、計画上の制約が生じることもある。

ドライドック方式のもう1つのタイプは、臨海部の埋立地や泊地に用地を確保して、仮設のドライドックを設けるものである。期待できる利便性は、造船所の既存施設を利用するタイプに近い。必要な用地を適地に確保できるならば、函体仕様などにより適合した施工ヤードを用意できるメリットも見込める。

半面、複数の函体を同時製作できるなど、製作効率やコスト面で十分な規模・面積の施工ヤードを確保できるか否かが重要なポイントになる。また、造船所利用と同様に、数万トンにもなる函体の重量を支えられる地盤の支持力も欠かせない。

ドライドック方式による沈埋トンネル建設のおおまかな流れは次のようになる。

まず、ドライドックで函体を製作する。そして、トンネル建設地の近くに設ける仮置き場までえい航（一次えい航）するための艤装（ぎそう）（一次艤装）を施した上で、ドライドックに注水して、沈埋函を浮上させる。その後、ドライドックの締め切り部を撤去して、隣接する海上に沈埋函を引き出し、仮置き場までえい航（一次えい航）する。仮置き場に着くと、沈設

■仮設ドライドックの例

臨海部の用地に設けた仮設ドライドック。写真はコンクリート構造の沈埋函の製作プロセス

工事に向けた艤装（二次艤装）を施し、現場までさらにえい航（二次えい航）し、沈設作業に備えることになる。

■ドライドックの使用例

香港SCL1121海底トンネルはドライドックで函体を製作した。上が函体製作時。完成後ドック内に注水して（中）函体を引き出し、えい航する（下）

沈埋トンネルの可能性を広げた鋼コンクリート合成構造

前述のように沈埋トンネルの建設のためには、ある程度建設地に近い場所に比較的大規模なドライドックを確保しなければ、作業効率やコスト面で厳しくなるという課題が付きまとう。これは、トンネル建設における沈埋工法の採用自体を左右する条件になり得る問題でもある。

それに対して、1990年代から鋼コンクリート合成構造による「**浮遊打設方式**」という方法を用いるケースが増えてきた。これは工場などで製作したフルサンドイッチ構造の沈埋函の鋼殻を進水させ、建設地の近くまでえい航し、海上に浮かべた状態でコンクリートを打設するというものである。この場合も鋼殻組み立て用の海上ヤードは必要とするが、ドライドック方式ほど大規模でなくてもよいという利点を持つ。また、フルサンドイッチ構造の場合は、鋼殻構造に比べて剛性があり、浮遊打設時の函体の変形が少ない点もメリットである。

地理的に適切な範囲内に利用できる既存施設がなく、新たに仮設ドライドックを建設できない地域においても、鋼コンクリート合成構造による浮遊打設方式により、大型の沈埋函製作が可能となる。その意味で沈埋トンネル建設の可能性を大きく広げたと言える。

■フルサンドイッチ式鋼コンクリート合成構造のイメージ

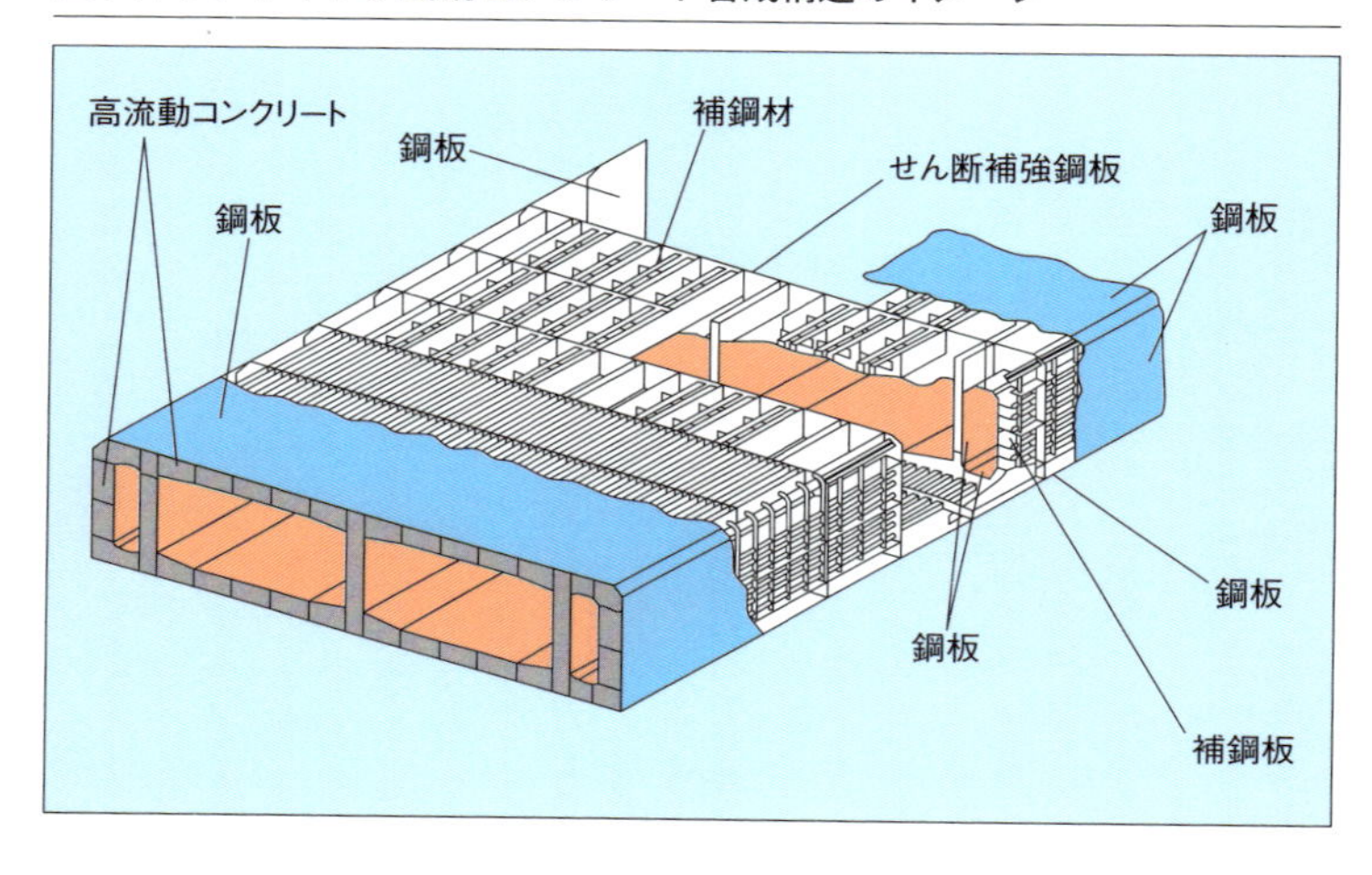

具体的な採用例としては、「大阪港咲洲(さきしま)トンネル」(1997年開通)や「神戸港港島トンネル」(1999年開通)において鋼コンクリート合成構造の沈埋函製作方法が確立し、そして「那覇うみそらトンネル」(2011年開通)や「若戸トンネル」(2012年開通)で浮遊打設方式が採用され、その後の「東京港海の森トンネル」(2020年開通)へと続いている。

2．沈埋函を「沈める」

沈埋函を製作したら建設地までえい航し、1つずつ所定の水底に沈設していくプロセスに入る。沈設工程では、函体を専用のバージ（はしけ）やポンツーン（自航能力のない作業台船）に吊り下げて、水底の沈設地点に降ろし、所定の位置に据え付ける。

こうした沈設工法にも注目すべき技術的革新が見られる。従来普及していた「**プレーシングバージ方式**」「**タワーポンツーン方式**」といった施工方法に加えて、「**プレーシングポンツーン方式**」と呼ばれる新しい工法も生まれている。それぞれ順を追って見ていこう。

広く用いられてきた従来工法は2種類

プレーシングバージ方式、およびタワーポンツーン方式の2つの沈設工法は、以前から用いられているもので、欧州などに端を発し、沈埋トンネル建設の汎用工法として広く普及してきた。

まず、**プレーシングバージ方式**について見てみよう。近年では「東京港臨海トンネル」（2002年開通）などで採用されている。この方式は「プレーシングバージ」と呼ばれる双胴形式の大型バージを用いる。双胴間の海中に函体を吊り下げて、沈設地点までえい航

■プレーシングバージ方式の概念図

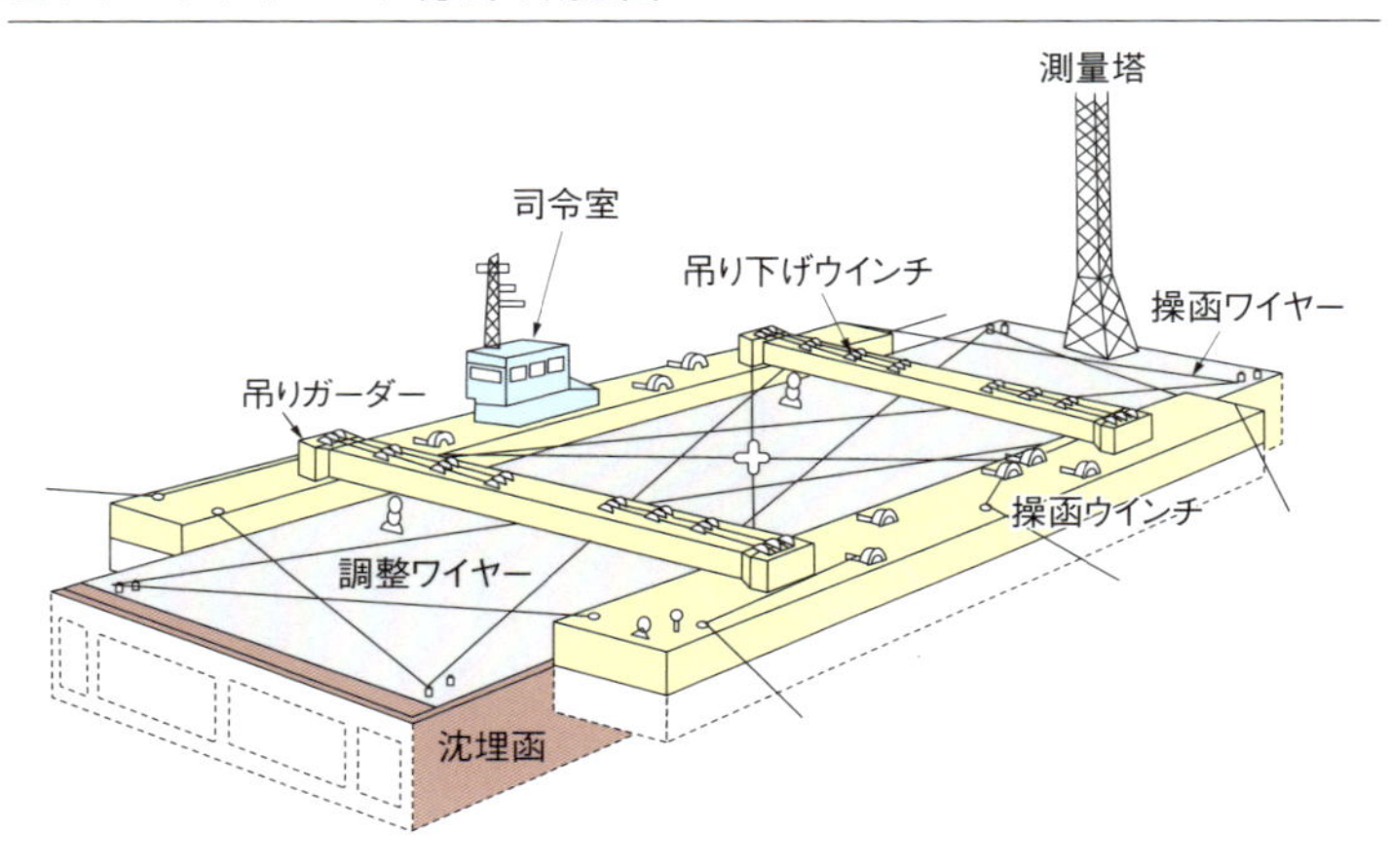

■プレーシングバージ方式の施工イメージ

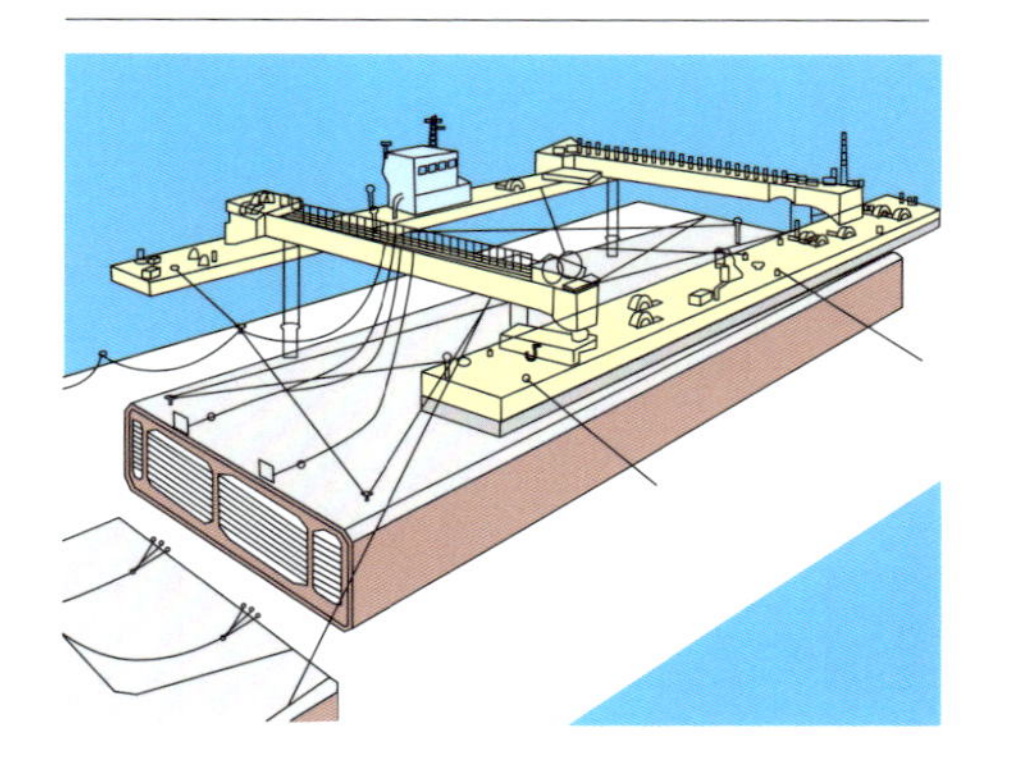

する。沈設地点では、バージの双胴をつなぐ「吊りガーダー」に搭載した吊り下げウインチ（巻き揚げ機）によって、ワイヤーでゆっくりと函体を水中に沈降させていく。函体には、水中での姿勢や位置を調整す

るための「操函ワイヤー」を取り付ける。操函ワイヤーは、バージ船胴にあるウインチを通して、水底に固定したシンカー（重り）につながっている。ウインチによってワイヤーを操作することで、函体の姿勢やバージの水平位置をコントロールする。

沈設のための二次艤装部材は、後述するタワーポンツーン方式と比べて多くないので、相対的に設置や撤去の手間や時間がかからないというメリットもある。

半面、沈設地点の水深が深い場合などは、水平移動の際に函体の動揺が大きくなりやすく、その安定化を図る手間や時間がかかりやすいという側面もある。また、函体が大きいと、それに応じてバージも大型となり、建造費などのコストが増加しやすい。

函体を制御しやすい「タワーポンツーン方式」

続いて、**タワーポンツーン方式**である。この方式は、一次えい航先の仮置き地点で、沈埋函自体にポンツーンやウインチタワーといった沈設用設備を二次艤装として搭載する。その後、トンネル建設地点までえい航（二次えい航）し、それらの設備を用いて函体を沈設する。タワーポンツーン方式には、ウインチタワーが1本のワンタワー型と、2本のツータワー型がある。

このうちツータワー型は、「大阪港咲洲トンネル」（1997年開通）や「新潟みなとトン

■タワーポンツーン方式（ツータワー型）の概念図

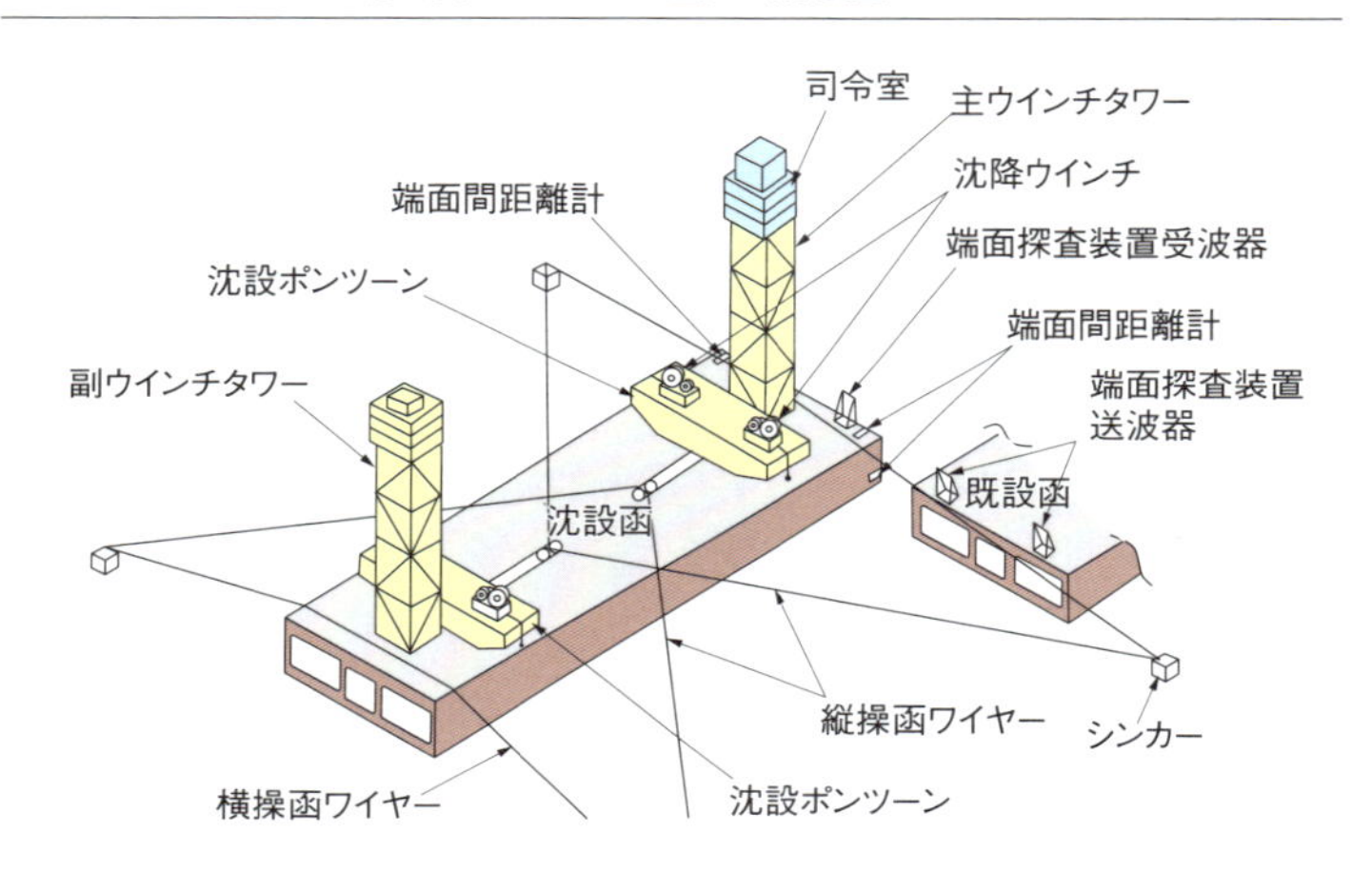

ネル」（２００５年全面開通）、「神戸港港島トンネル」（１９９９年開通）などで用いられた。

前述したプレーシングバージ方式は、函体の主たる水平移動をバージの操船に頼

■タワーポンツーン方式による施工

ツータワー型による沈設状況

■間接操函方式と直接操函方式の比較

	間接操函方式	直接操函方式
沈設方式	プレーシングバージ方式（62ページの図を参照）	タワーポンツーン方式（64ページの図を参照）
操函方法	プレーシングバージと呼ばれる双胴船から沈埋函を吊り下げ、バージに搭載したウインチを用いて、海底のシンカーにつながった操函ワイヤーを操作することで、バージ自体を所定の位置に移動する。すなわちバージの位置決めにより、バージから吊り下げられた沈埋函が追従して移動する。	沈埋函に直接設置されたウインチタワーに搭載されたウインチから、沈埋函上の滑車ブロックを介して海底のシンカーにつながった操函ワイヤーを操作することで、沈埋函を所定の位置に移動する。ウインチの巻き取り、巻き出し量が直接沈埋函に伝わるので操函精度が高い。
特徴	①水深が深くなるほど沈埋函沈設時の函体動揺が大きくなり、安定するまでに時間がかかる。 ②函体艤装品が少なく航路閉鎖日数が少ない。 ③沈埋函幅によりバージも大型化し、建造費が高くなる。	①位置の微調整が容易に行え、沈設時の函体動揺が小さく、沈設時間が短くできる。 ②函体艤装品が多いため、艤装作業や沈設後の艤装品撤去に日数を要し、航路閉鎖日数が多い。
操函模式図（横方向）	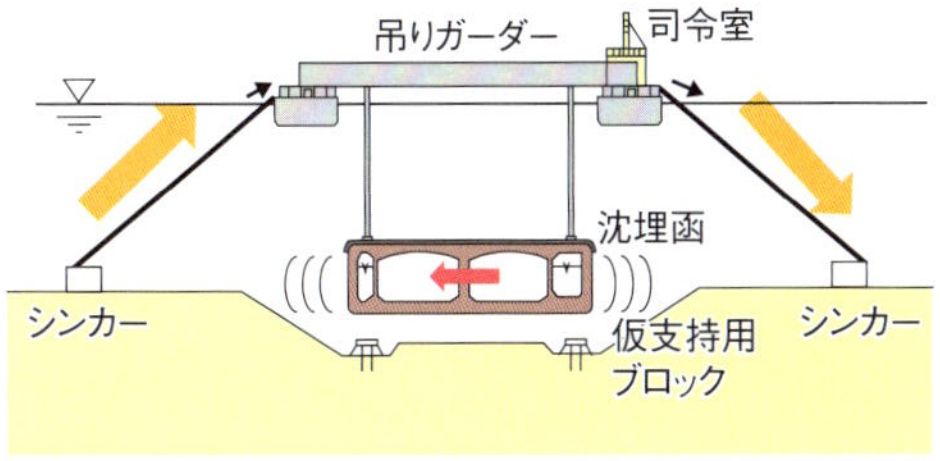 吊りガーダー / 司令室 / 沈埋函 / シンカー / シンカー / 仮支持用ブロック	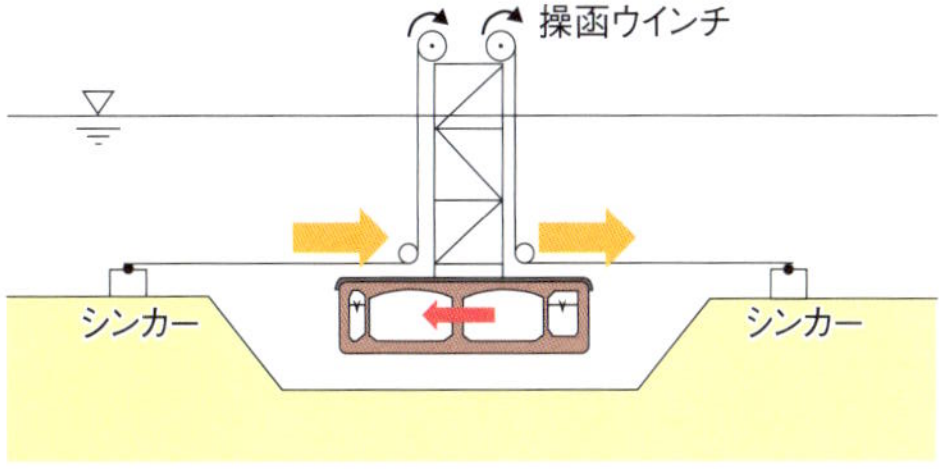 操函ウインチ / シンカー / シンカー

る。これに対してタワーポンツーン方式は、函体自体に設置したウインチタワーなどで水平移動を含めた動きを直接的に操作できる。そのため、前者は「**間接操函方式**」、後者は「**直接操函方式**」と位置づけられている(65ページ参照)。

沈設時には函体のバラストタンクに注水した上で、沈設ポンツーン上の沈降ウインチで吊り降ろす。函体には位置や姿勢を調整する操函ワイヤーが張り巡らされており、これらのワイヤーを操作して、所定の地点に函体を沈設する。ただし、沈設する水底付近では、函体からシンカーに延びる操函ワイヤーの水平角度がシンカーの位置に対してフラットに近い状態になるので、プレーシングバージ方式よりもタワーポンツーン方式の方が函体の位置や姿勢をより制御しやすく、函体の動揺量も抑えられる。このことにより、沈設作業時間も短くできる利点がある。

船舶の航行に配慮したワンタワー型が登場

タワーポンツーン方式はもともと、操函時の安定性や施工精度などを考慮して、函体の長手方向の両端付近にウインチタワーを1基ずつ、1函体当たり2基搭載するツータワー型が一般的なスタイルだった。各タワーに操函ウインチを3基搭載する。この工法の採用実績は豊富に存在している。

■ワンタワーポンツーン方式（サイドワンタワータイプ）の概念図

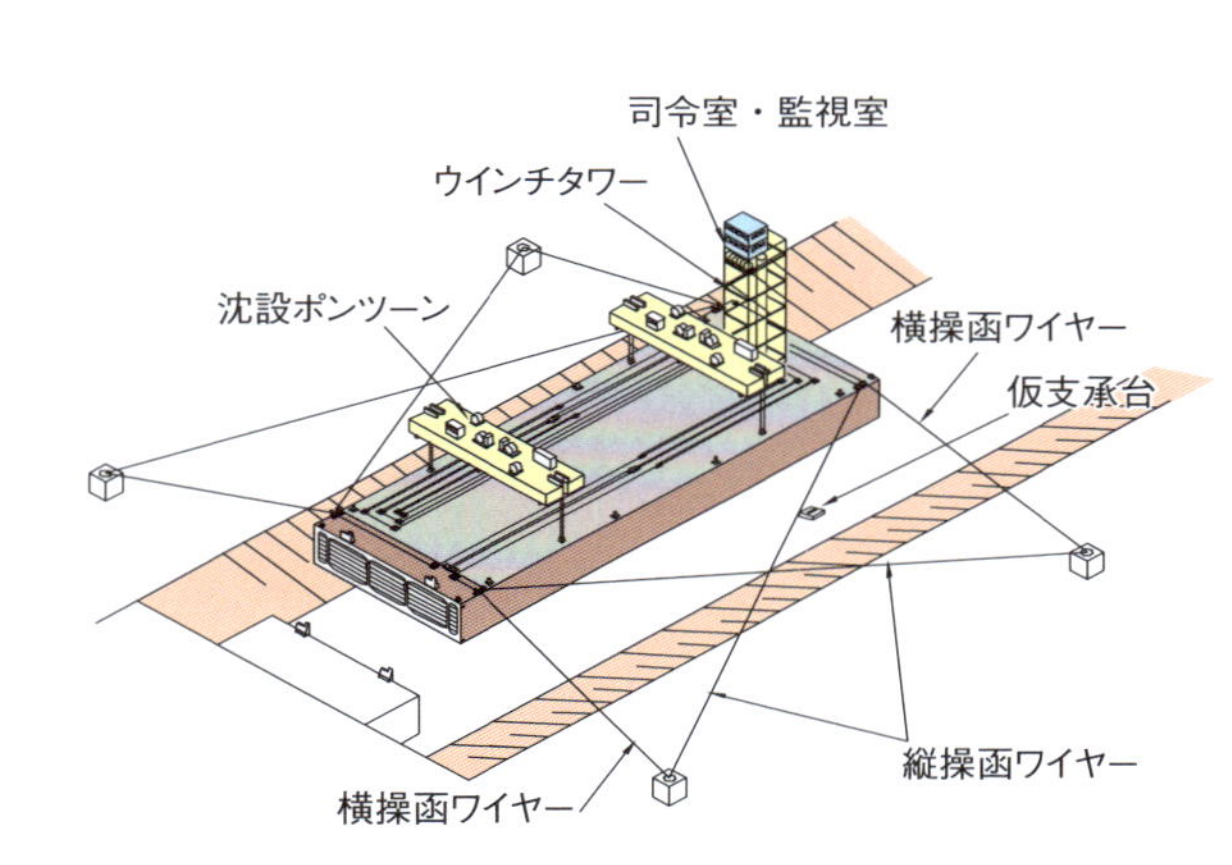

これに対して、後に、ウインチタワー1基で操函するワンタワー型が登場した。「ワンタワーポンツーン方式」とも呼ばれ、タワー1基に操函ウインチを6基搭載している。これまでの採用例では、タワーを函体の中央付近に搭載するタイプ（センタータワー）と、片方の端部付近に寄せて搭載するタイプ（サイドワンタワー）がある。

一般にタワーポンツーン方式では、ウインチタワーなど函体に搭載する二次艤装の規模が大きく、沈設後にそれらの撤去に要する手間や時間がネックとなる。トンネル建設自体のコストや工期への影響だけではなく、沈設地点が船舶の航路にかかる場合などは、できるだけ早く可航範囲を広げて航行制限を解除しなければならない。都市部の隣接海域など、船舶の往来が多い海域では特に、重要な与条件となる。

そうした点でワンタワー型は、ツータワー型より艤装部材撤去の手間や時間を抑えられるメリットがある。例えば、サイドワンタワータイプは、対岸との間にある船舶航行用の水路空間に対して、反対側の函体上面にウインチタワーを設けている。函体沈設後、対岸側はポンツーンを回送・撤去するだけで、船舶航行用の水路空間を早期に拡大できる。

サイドワンタワータイプのワンタワーポンツーン方式は、大阪港咲洲トンネルで初めて採用され、その後は「若戸トンネル」(2012年開通)で用いられた。

“タワーレス”で沈設後の撤去をより早く

ここまで紹介したプレーシングバージ方式とタワーポンツーン方式のそれぞれの利点を活かす形で、新たに開発された沈設工法が「**プレーシングポンツーン方式**」である。函体沈設後の撤去にかかる手間や時間が少なくて済むプレーシングバージ方式の長所と、より高い施工精度を見込めるタワーポンツーン方式の長所を融合したもので、「新・衣浦海底トンネル」(2003年開通)で初めて採用された。プレーシングポンツーン方式では、タワーポンツーン方式と同様に、1基の函体にポンツーン2基を艤装する。

■プレーシングポンツーン方式の概念図

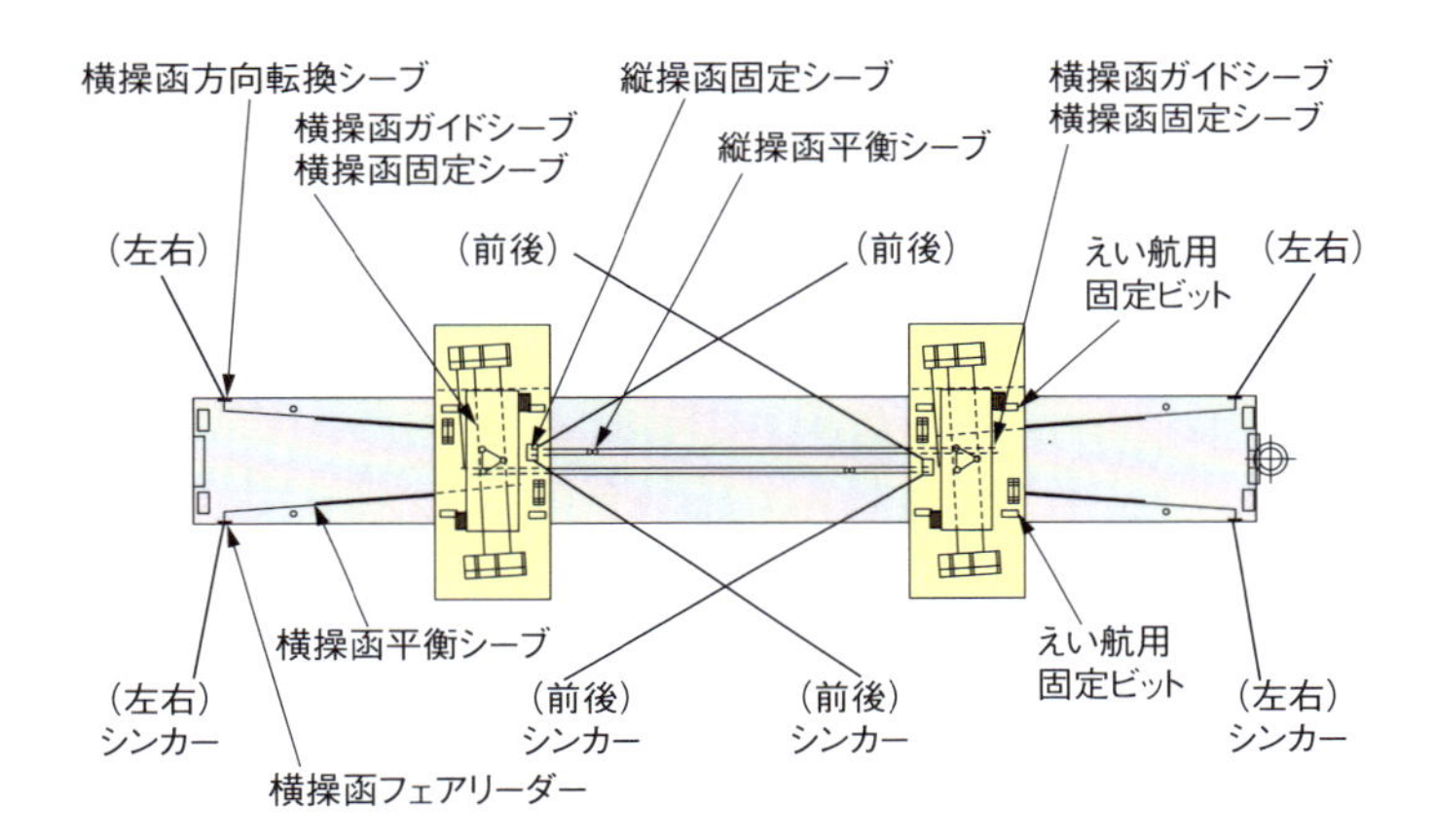

■ウインチの動きと操函

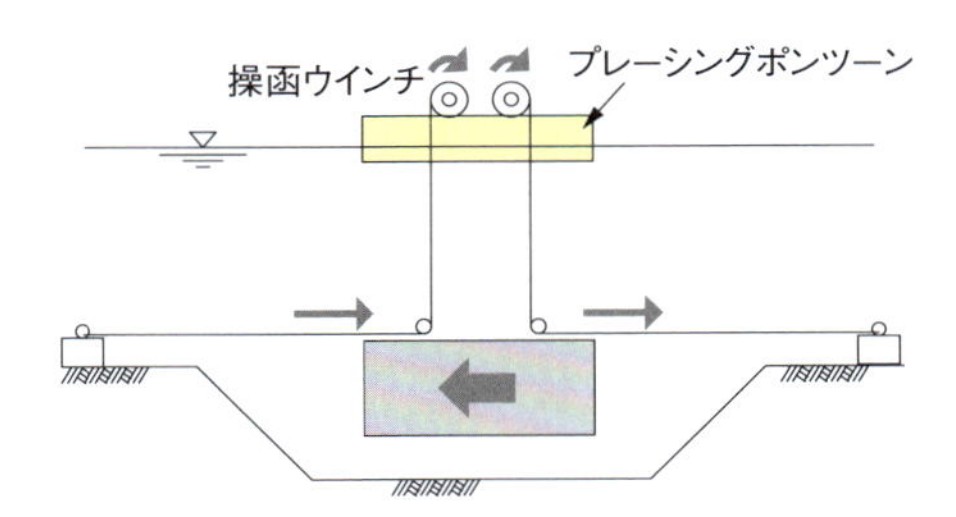

プレーシングポンツーン方式の特徴は、主に2点ある。1つは、タワーポンツーン方式と同様に、直接操函方式で函体の動きをコントロールできる点である。プレーシングバージ方式の間接操函方式と比べて、沈設時の函体の動揺量を抑えられるので、沈設時間も相対的に短くて済む。

もう1つの特徴は、ポンツーン上に直接ウインチを設置することで、函体艤装の〝タワーレス化〟を図った点にある。従来のタワーポンツーン方式では沈埋函の沈設後に操作指令室や大きなウインチを搭載した巨大なウインチタワーを大型の起重機船（きじゅうきせん）（大型クレーン船）を使用しておよそ2日間をかけて撤去する必要があった。タワーレス化でこれを省略することが可能になる。その分だけ、施工の手間や時間を抑えることが可能になり、あとはポンツーンを回送撤去するだけで、周辺水域での航行制限などもより早く解除できる。

3. 沈埋函を「つなげる」

ここまでは単体の沈埋函を中心に話を進めてきたが、実際の沈埋トンネルは、複数の沈埋函をつなげて成り立っている。沈埋函を1つずつ水底に沈設し、隣り合う沈埋函同士を接合していくのである。言うまでもなく、接合部分となる「継手」はトンネルの機能を確保する上でとても重要な役目を担うものである。水底トンネルの場合、トンネルの外は言わば無限量の水であり、継手からの出水は重大な問題となるため、完全な止水性能が求められる。

しかし、相手は水の底に鎮座する鉄とコンクリートの硬くて巨大な構造物である。それをしっかり接合する継手は、沈埋トンネル構築の鍵を握っている。それだけに、継手の仕組みや工事の方法は、常に進化を続けてきた。

複数の沈埋函同士を接合していくときに接合部となる箇所を「**継手**」と呼び、施工段階で完全な止水を達成するためにゴムガスケットを使用して「**水圧接合**」を行っている。

ここでは、まず継手で行われる「水圧接合」について説明しよう。

水の力で水を止める水圧接合

既設沈埋函（既設函）に沈埋函を接合させる場合を考えてみよう。新たに接合する沈埋函（新設函）の端面には周縁に沿ってぐるりと止水ゴム（ゴムガスケット）が取り付けられている（90ページの図参照）。既設函に内蔵したジャッキで、つなげる新設函を引き寄せてゴムガスケットを圧着し、水が入らないようにいったん止水する（一次止水）。その後、バルクヘッド（沈埋函の端面の防水隔壁）間に残っている水を排水していく。こうすれば、バルクヘッド間の水圧がなくなり、函外の水平の水圧によって新設函が既設函側に押し付けられる。この作用により、ゴムガスケットがさらに圧縮されて完全な止水が達成される仕組みである。右の図を用いて、順を追って説明しておこう。

■沈埋函同士の水圧接合のメカニズム

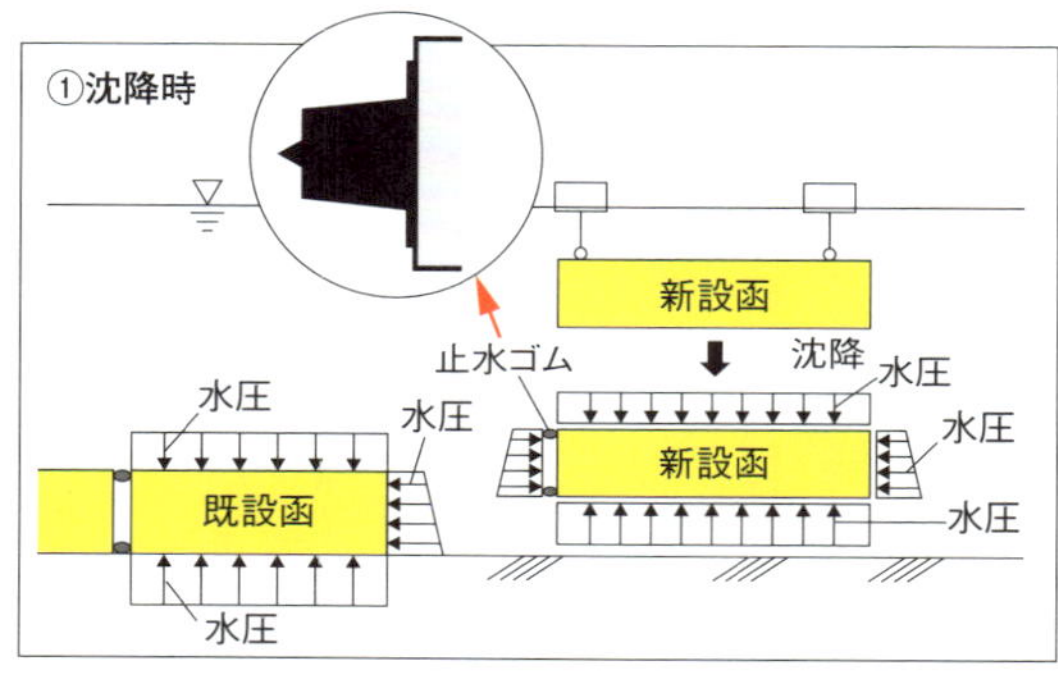

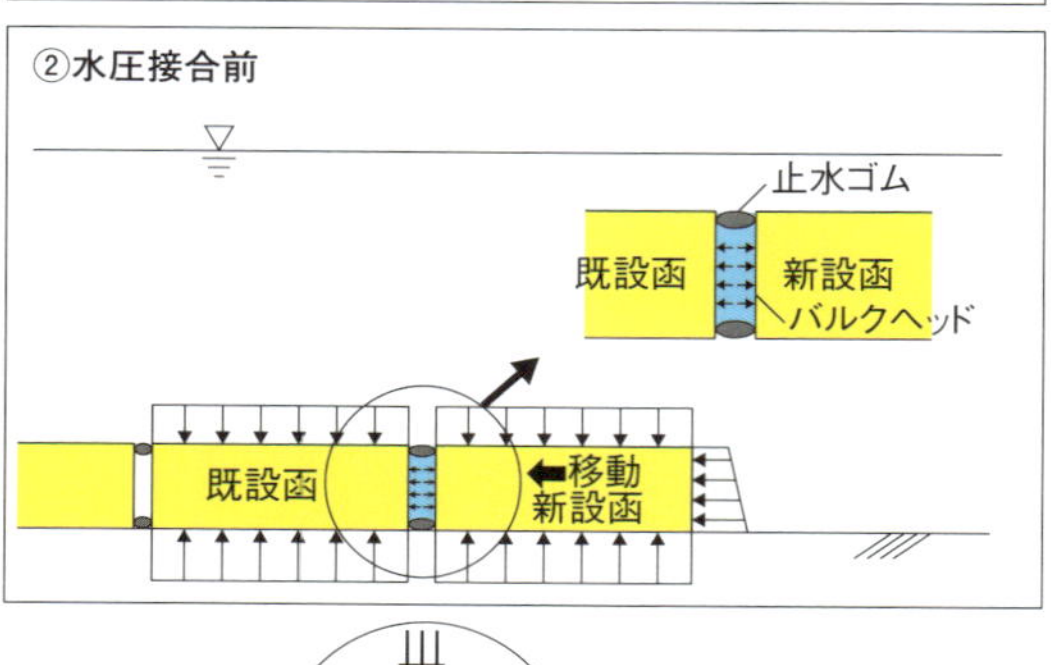

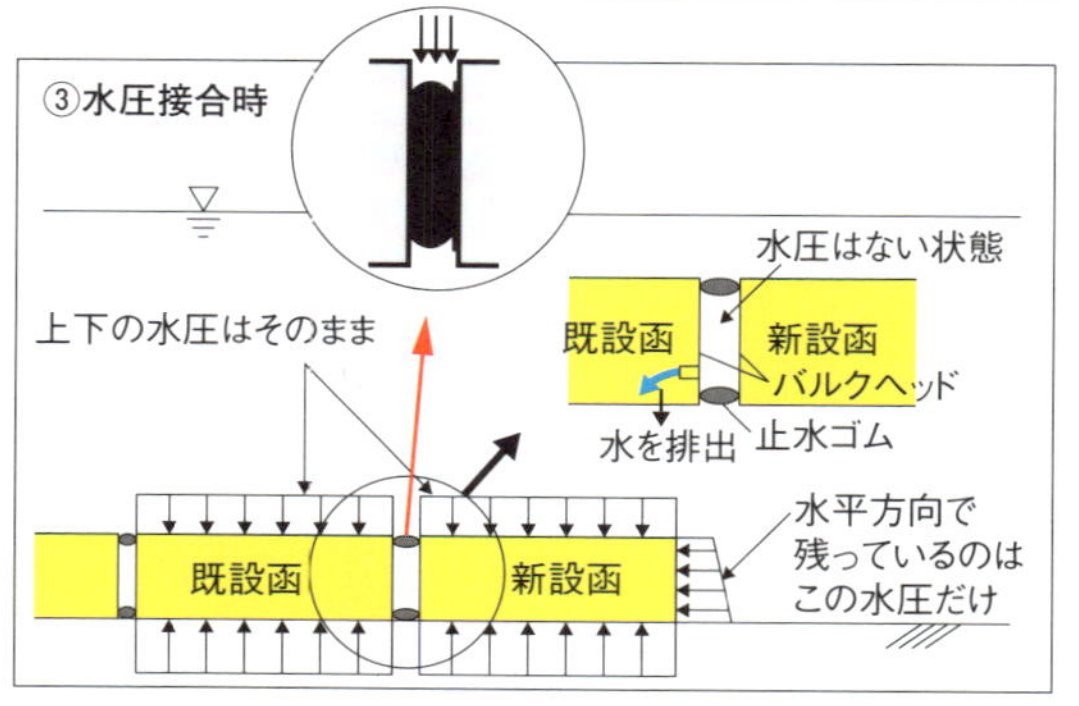

①沈降時には沈埋函の両端に水平方向の水圧、上下面には鉛直（えんちょく）方向の水圧がそれぞれ作用する。
②水圧接合前に新設函を移動させ、ジャッキで引き寄せて既設函に止水ゴムを押し付ける。接合部には水がそのまま残る。
③既設函と新設函の間（バルクヘッド間）の水を排水すると、図中右側の水平方向の水圧により、止水ゴムが圧縮される。この作用により止水能力が高まる。この状態を「水圧接合」と呼ぶ。この状態を維持する形で函内から最終的な継手構造を完成させていく。水中で働く自然の圧力を利用する水圧接合は、沈埋トンネルならではの特徴である。水底トンネルで最も重要な課題となる完全止水を容易に達成する合理的な施工法となっている。

剛継手と可とう性継手

水圧接合で沈埋函同士が密着された段階から、最終的に完成させる継手の構造には、「**剛継手**」と「**可とう性継手**」の2タイプがある。「剛継手」は継手構造として構造体同士の相対変位や回転を許さず、函体の断面と同程度以上の剛性と強度を持たせた構造となっている。地震や地盤の不同沈下（地盤が不ぞろいに沈むこと）などに対する追従性は期待できないため、地盤状況が良く地震の影響が少ない場合に採用される。

■剛継手（フルサンドイッチ合成構造）の構造

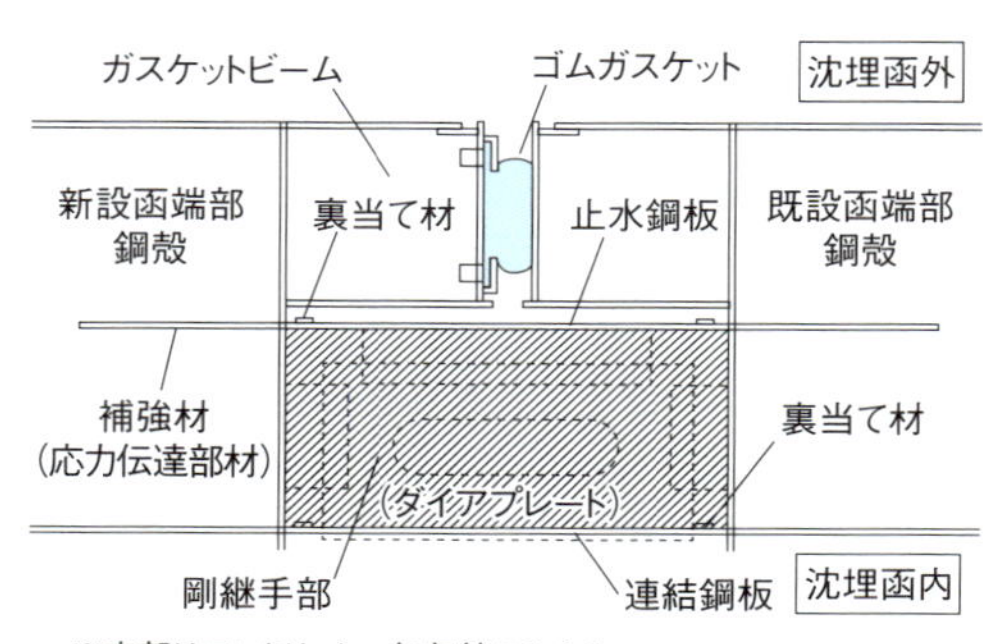

※内部はコンクリート、無収縮モルタル

一方、「可とう性継手」は、継手部に一定の柔軟性を持たせ、地震動や地盤の不同沈下を継手部で吸収させることにより、函体に発生する断面力を低減させることが可能となる。継手を「剛継手」として完成させるか、あるいは「可とう性継手」として柔軟性を持たせて完成させるかは、それぞれのトンネルの設計条件による。

近年最も採用実績も多く代表的な可とう性継手と言えるのは、「**ゴムガスケット方式**」である。施工時に使用したゴムガスケットをそのまま利用して、圧縮力をゴムガスケットが受け持ち、引っ張り力を連結ケーブルが受け持つ構造である。ゴムガスケットは一次止水の部材であり、その内側にもΩ型をした二次止水ゴムを取り付け、二重構造で止水性を確保する。

可とう性継手も徐々に進化

可とう性継手の技術も大きく進化しており、地震などの外力に対する追従性と、接合部に不可欠な止水性の両立を図るために知恵を絞って様々な種類が開発されている。新たに開発された可とう性継手として「**背高ゴムガスケット方式**」「**ベローズ式**」「**クラウンシール継手方式**」などが挙げられる。

背高ゴムガスケット方式というのは、ざっくりと言えばゴムガスケットを大型化したタイプで、それによって従来型のゴムガスケット方式

■ゴムガスケット方式の可とう性継手の構造

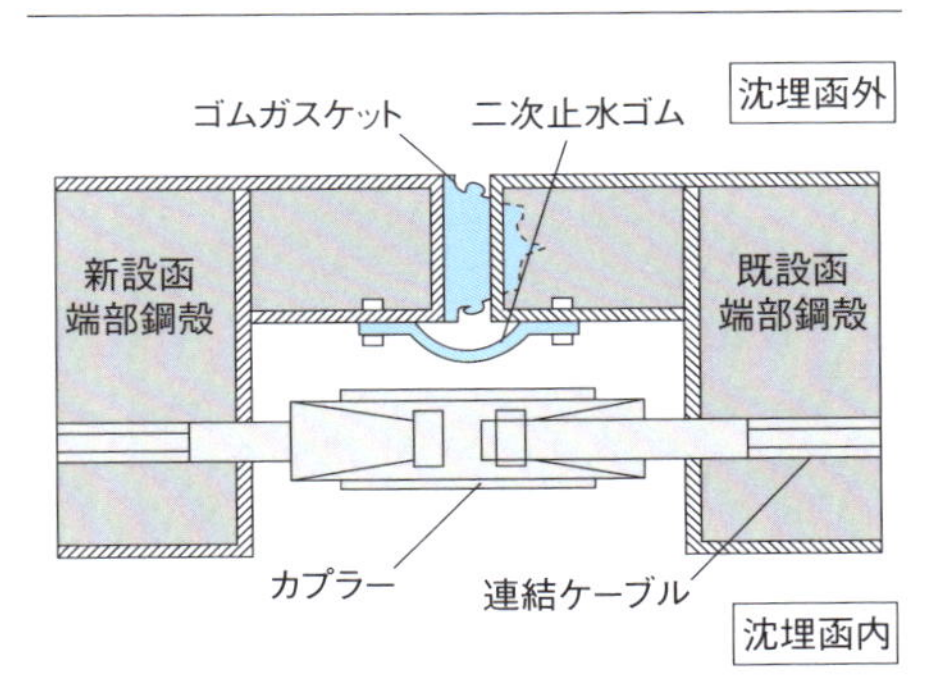

■ゴムガスケットを二次止水ゴムで補う

下に見えるのがゴムガスケット方式で用いる断面Ω型の二次止水ゴム

■背高ゴムガスケット方式への移行

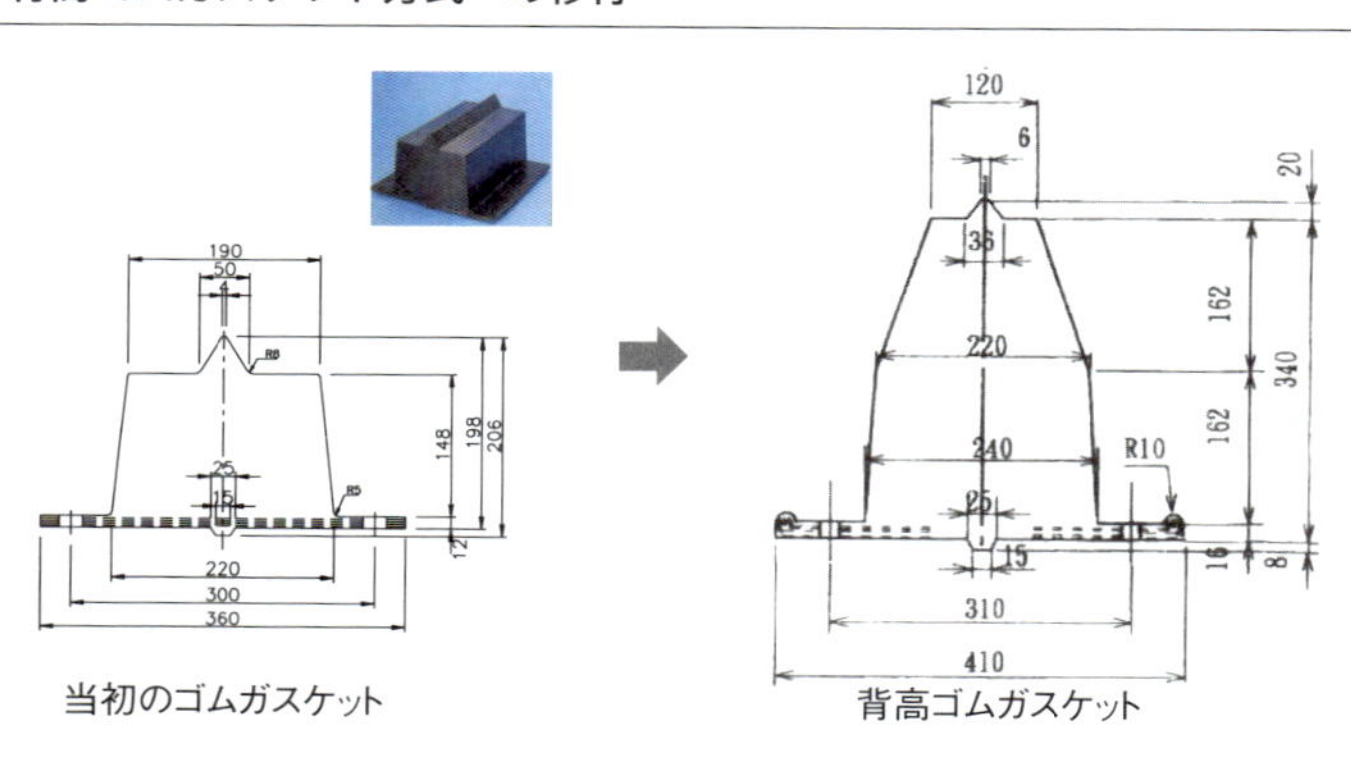

当初のゴムガスケット

背高ゴムガスケット

よりも変形の許容値を高めたものである。採用例としては「東京港臨海トンネル」（２００２年開通）などがある。

ゴムガスケット方式はいろいろな改良が重ねられてきたが、そこにも限界が見えてきたことから、根本的な見直しが図られて生まれたのが内蔵継手方式である。この場合、水圧接合を行った継手（施工継手と呼ぶ）は剛継手として完成させ、別の位置に内蔵した継手を可とう性継手として働かせる構造である。

最初に開発されたのが、**ベローズ式継手**である。沈埋函の鋼殻端部の四周に取り付ける蛇腹形状のベローズが、外力により発生する変位に対して追従性を発揮する。ベローズは鋼やステンレス鋼を用いた蛇腹のひだがアコーディオンのように伸縮することで変位を吸収する。那覇うみそらトンネルで実用化され、沈埋函と換気立坑（たてこう）の接合部に用いられた。

継手を飛躍的に革新した「クラウンシール継手」

もう1つ、近年開発された重要な継手が**クラウンシール継手**である。継手の概念を飛躍的に革新した内蔵式の可とう性継手と言える。

■ベローズ式可とう性継手の構造

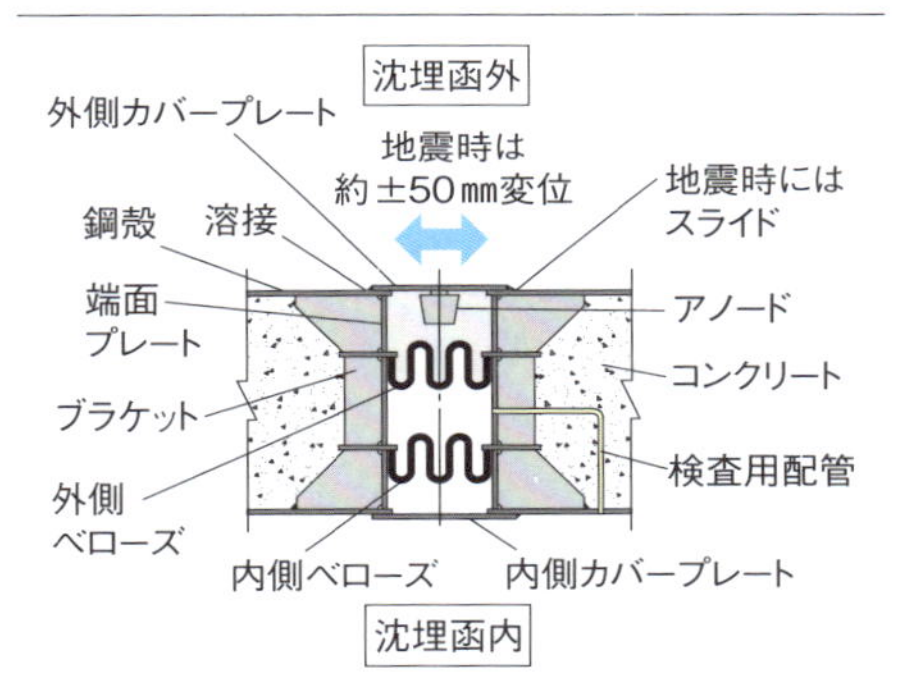

■工場でベローズを函体に一体化

ベローズ式継手はあらかじめ工場で函体と一体化する

■クラウンシール継手の構造

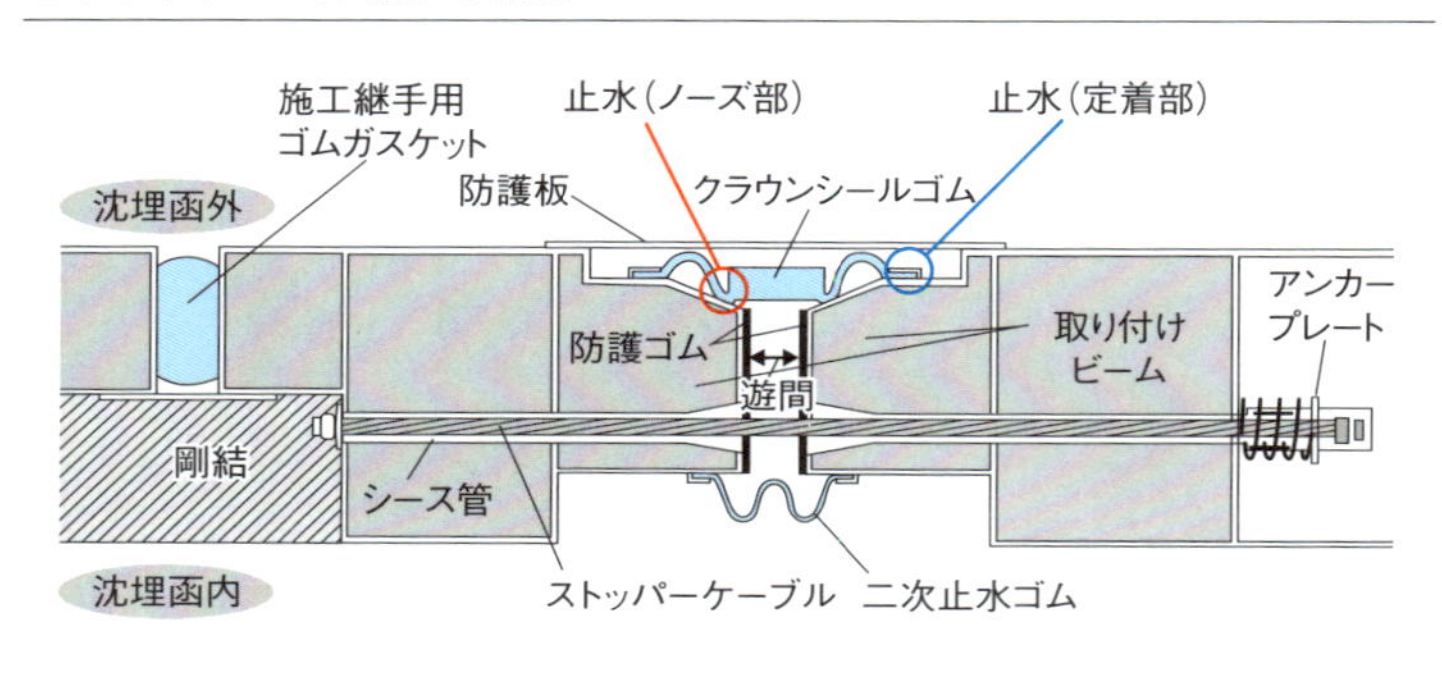

この継手は、沈埋函同士の接合部に「遊間」と呼ばれるクリアランスを設けておき、その四周を囲む形で函体に「クラウンシールゴム」を装着して止水する。遊間のクリアランスが変位を吸収することで、函体に断面力を伝えないようにしている。継手の構成部材には、クラウンシールゴムのほか、ストッパーケーブルや二次止水ゴム、函体の取り付けビームなどがあるが、いずれも函体にかかる初期の変位に対しては抵抗力を発揮しない。変位吸収の主機能を担うのは、あくまで遊間である。この仕組みにより、従来のゴムガスケット方式よりも2倍超の変形吸収性能が達成できる継手である。クラウンシール継手については、第六章で詳述する。

最後に閉じる「最終継手」に大きな課題

沈埋函の接合を繰り返し行っていくと最後に沈埋函

同士の間に隙間が残る。この隙間をつないでトンネル全体を貫通させる箇所を「**最終継手**」と呼ぶ。

それまでの継手は、沈埋トンネルの利点である水圧接合により接合ができるが、最終継

■最終継手が必要となる理由

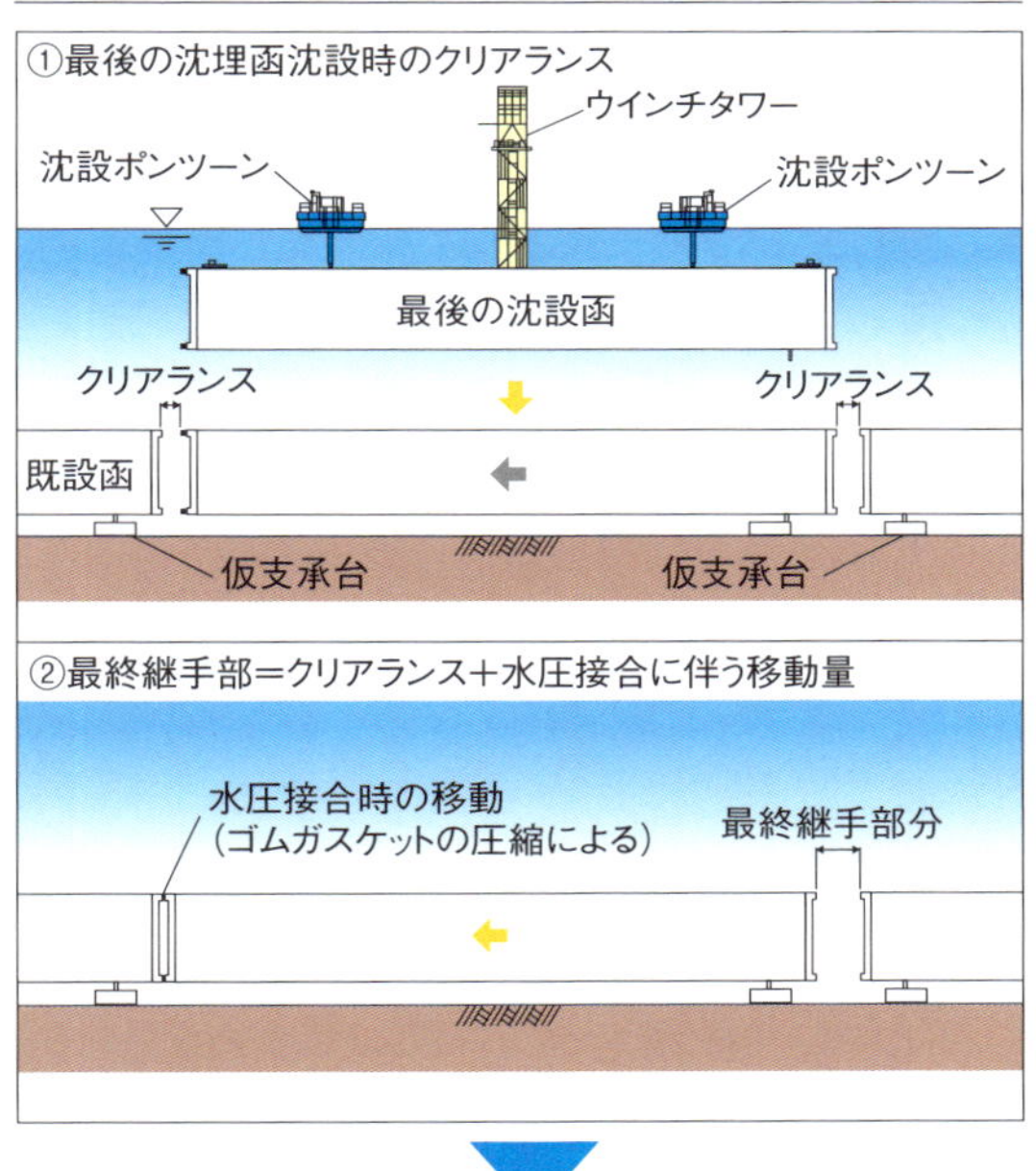

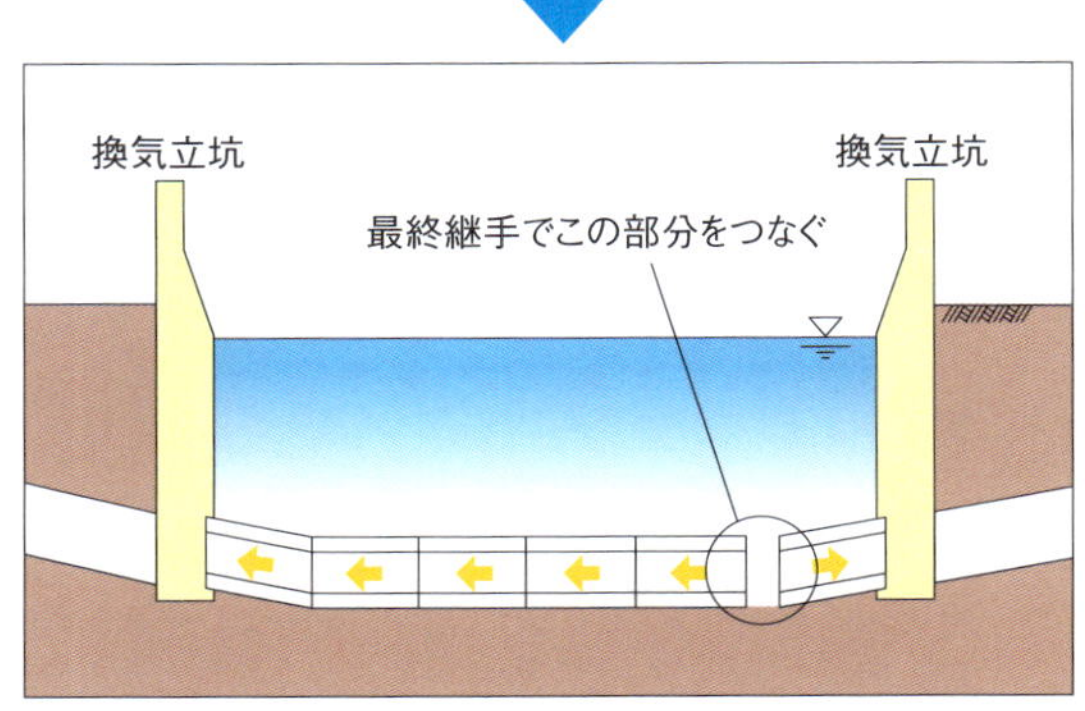

手ではその方法がとれない。そのため、そこだけは特別な施工法がとられてきた。

従来の伝統的な施工法としては、「**水中コンクリート工法**」「**止水パネル工法**」が挙げられる。水中コンクリート工法と止水パネル工法は、沈埋函同士の接合部の外周を、水中コンクリートや止水パネルで塞ぎ、内側からコンクリートを後打ちする。ほとんど潜水作業を必要としない沈埋工法の中で、唯一多くの潜水作業が必要となっていたのが、この作業であった。一定以上の水深になると視界が悪くなったり、潜水時間の制約を受けたりするなど、作業性や安全性の問題を抱えていた。

そこで、潜水作業を不要とする工法として開発されたのが「**ターミナルブロック工法**」である。最後の沈埋函を迎え入れる既設の沈埋函や換気立坑の内部に、ターミナルブロックという接合部分を仕込んでおく。最後の沈埋函が沈設されたら、その接合部分に向けてターミナルブロックを水平方向に押し出すように移動させて、水圧を用いて接合する工法である。

さらに、全く発想を新たにした工法として「**Vブロック工法**」が、それに続いて最終継手をなくす「**キーエレメント工法**」が登場することになる。これらの工法については、次章以降で詳述したい。

Close-up　実例で知る沈埋トンネルの造り方

「東京港海の森トンネル」の沈埋函の製作から据え付けまで

東京港海の森トンネルは、東京・有明と中央防波堤地区との間を結ぶ延長約930mの沈埋トンネルである。同地区に整備中だったコンテナターミナルの貨物輸送需要に対応するため、内陸側との間を結ぶ2本目の道路として計画。2020年7月に開催予定だった東京オリンピック・パラリンピックまでの完成が求められた。

五洋建設JV（ジョイントベンチャー＝共同企業体）は4〜6号函の製作と据え付けを担当。6号函が最終函となるキーエレメントである。ここでは、中間函となる4号函の製作から沈設までの過程を紹介しよう。

■東京港海の森トンネルの平面・断面図

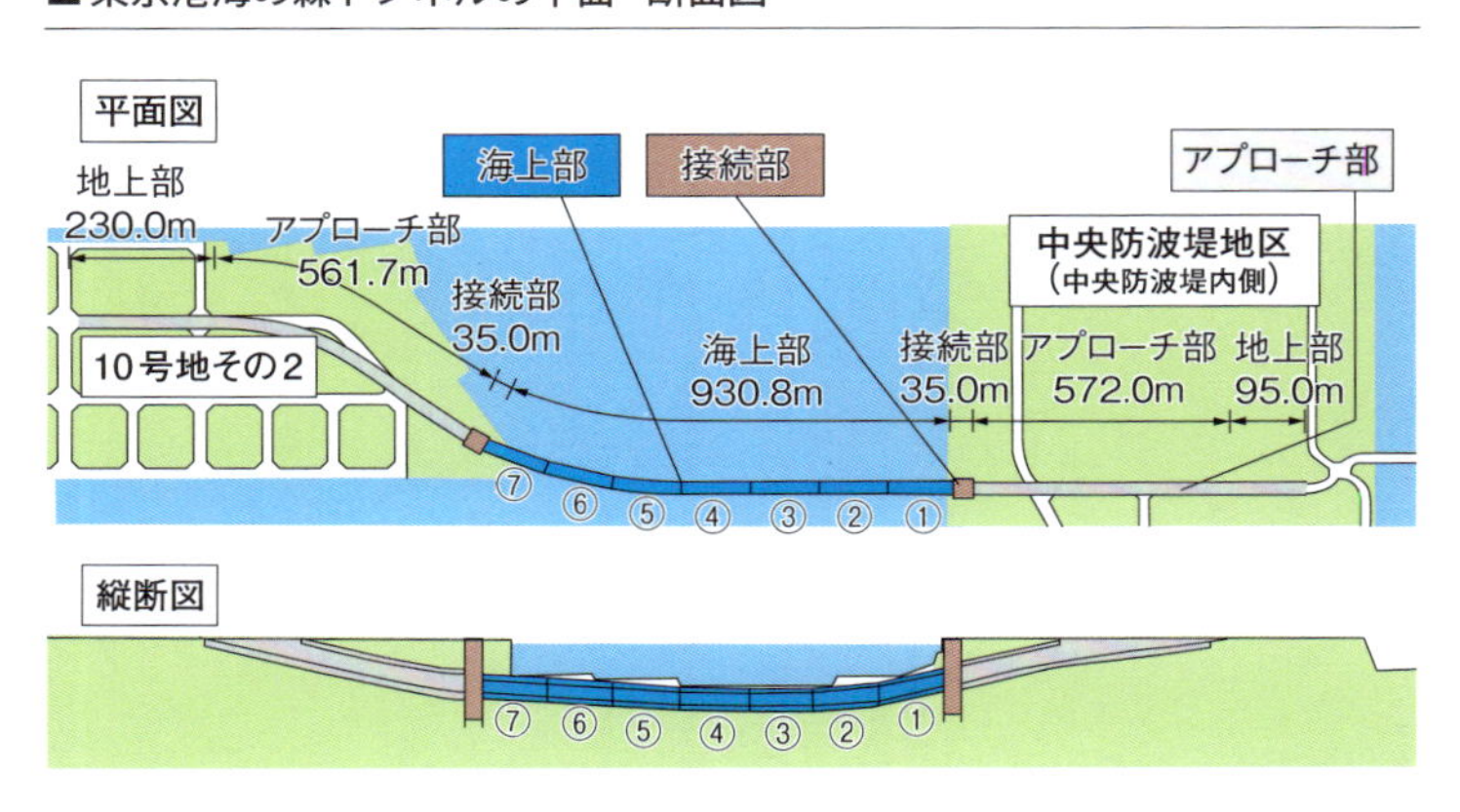

鋼殻の組み立てや海上輸送（えい航）、建設地での沈埋函の沈設・水圧接合など、4号函の製作から据え付けまでの主な工程をまとめたのが右のフローである。横浜市内の造船ドックで函体のベースとなる鋼殻を組み立てた後、海上を輸送する形で次の工程へと移っていく。2カ所目が浮遊打設を行う東京都内の15号地木材ふ頭、3カ所目が二次艤装を施す千葉県船橋市の船橋食品ふ頭、最後が沈設場所となる東京湾の内部である。

横浜で鋼殻を組み立て

五洋建設JVが担当した4～6号函の函体はいずれも、鋼殻を海上に浮かべてコンク

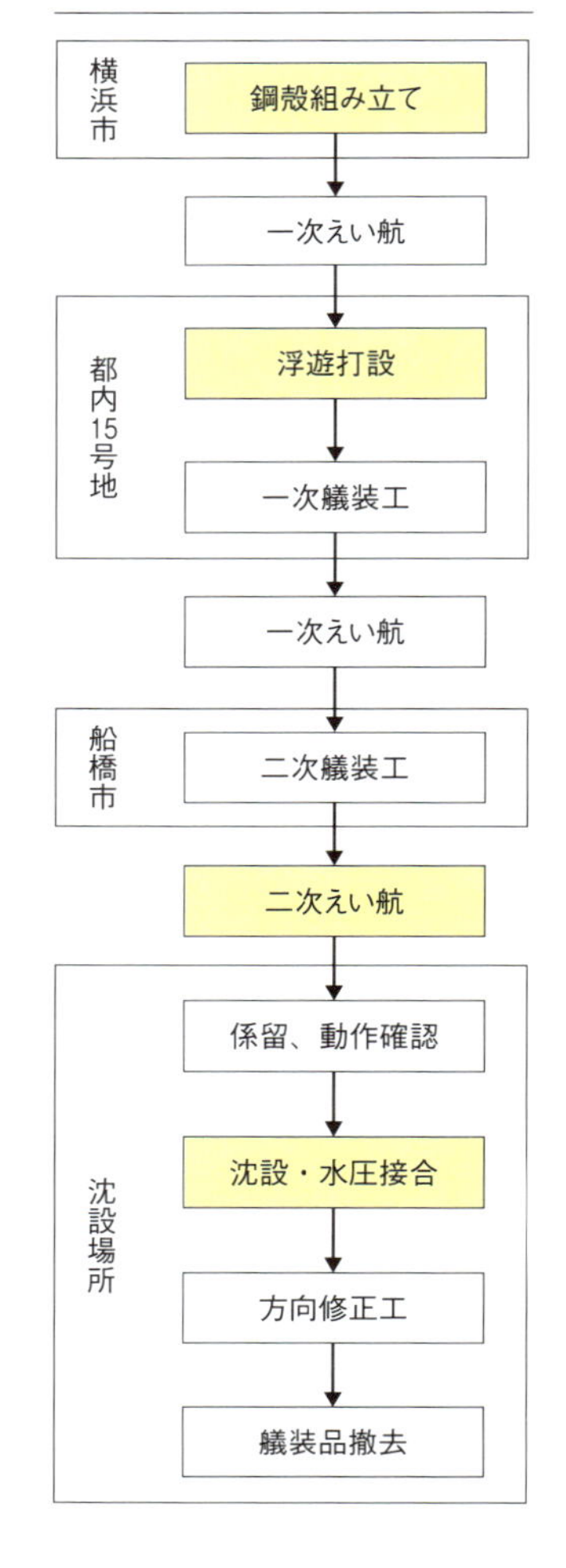

リートを打設する浮遊打設により製作した。4号函については、全国の工場で作ったブロック84個を横浜市内の造船ドックに海上輸送し、鋼殻の組み立てを行った。鋼殻の重量は3303トンに及んだ。

ちなみに、同じく中間函となる5号函も同様に横浜で鋼殻を組み立てた。一方、キーエレメントとなる6号函は千葉県市原市の造船

■東京港海の森トンネルの製作・艤装・沈設位置図

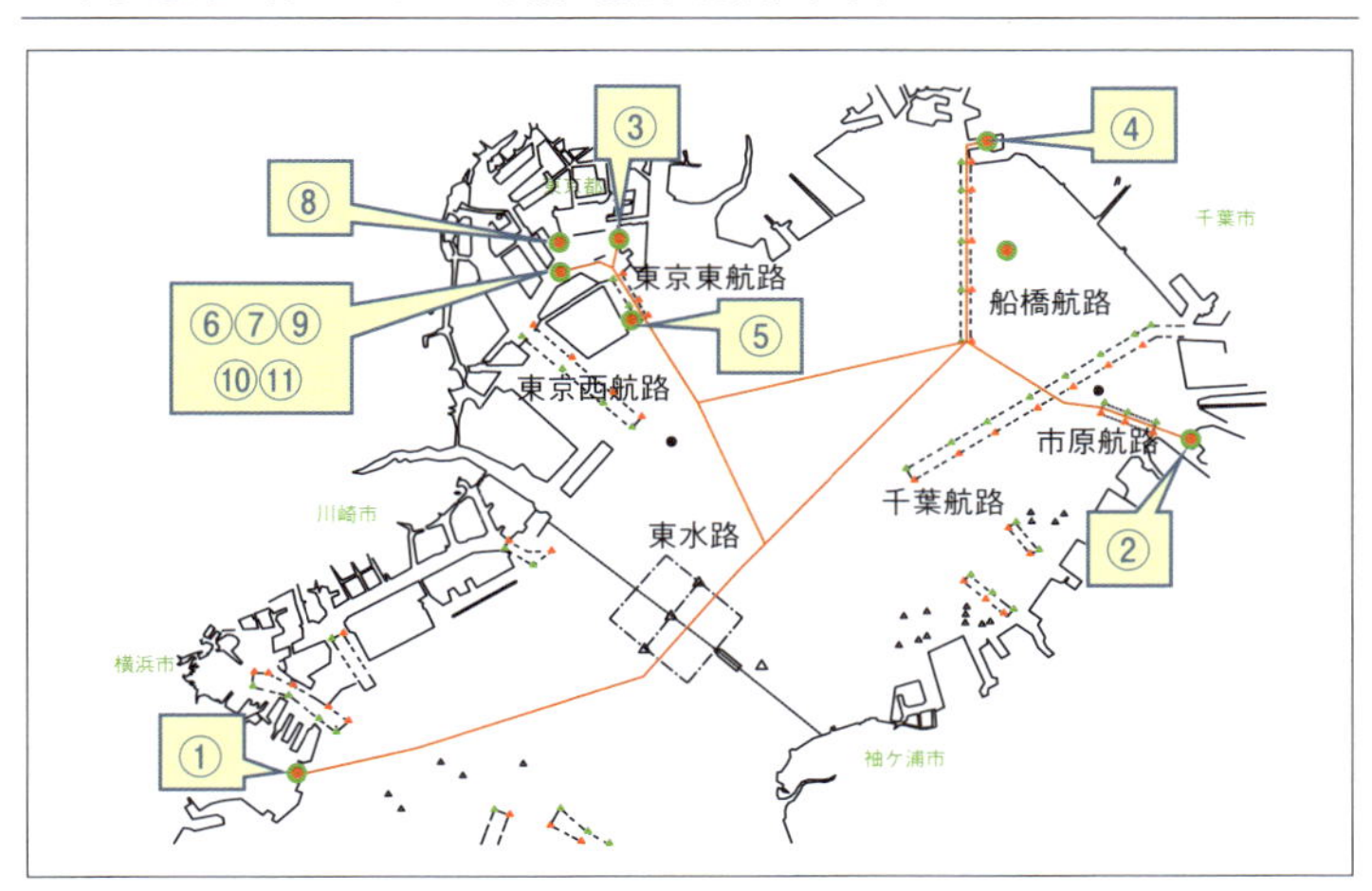

【凡 例】
①②：鋼殻製作場所
③④：浮遊打設および二次艤装ヤード
⑤　：沈埋函仮置き場所
⑥⑦：沈設場所(海上と函内)
⑧　：艤装品等仮置きヤード
⑨　：10号地側主電気室棟
⑩　：中防側副電気室棟
⑪　：南北線航行安全情報管理室

※ —— は、沈埋函のえい航経路を示す。

	4号函	5号函	6号函
一次えい航(1)	①⇒③	①⇒④	②⇒③
一次えい航(2)		④⇒⑤	
一次えい航(3)	③⇒④	⑤⇒④	
二次えい航	④⇒⑥	④⇒⑥	③⇒⑥

ドックで鋼殻を作った。この6号函には、ユニット化したクラウンシール継手を内蔵継手として組み込んでいる。

4号函の鋼殻は東京都内の係留場所までえい航して浮遊打設した上で、函体を保護するための一次艤装を施した。そこから千葉県船橋市のふ頭まで再び海上輸送し、沈設作業のための二次艤装を行った。その後、二次えい航して施工場所まで運んで沈設した。以下に主要な工程をピックアップして流れをまとめた。

鋼殻製作
2017年4月〜12月

■鋼殻製作のプロセス

上は鋼殻に組み込むブロック製作の様子。中はブロックを海上輸送し、造船ドックに荷下ろししているところ。下は鋼殻組み立ての様子

■浮遊打設の様子

ふ頭に係留してコンクリートを打設

浮遊打設
2017年12月～18年5月

2017年12月末に都内15号地木材ふ頭に鋼殻を係留以降、コンクリート打設から一次道床コンクリート打設までを18年5月に済ませ、同年12月まで係留した。

■コンクリートの打設方法（上）と浮遊打設の工程

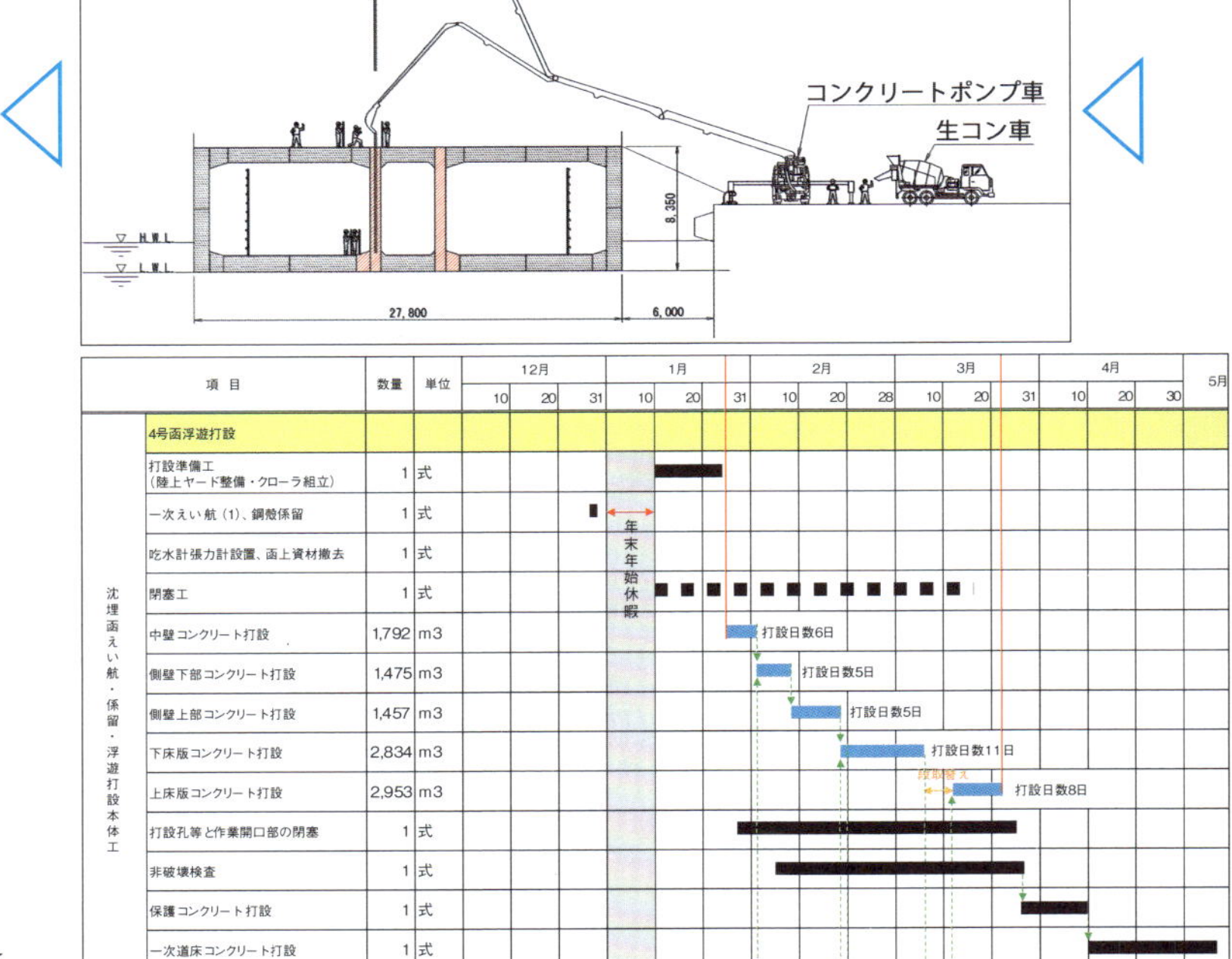

■二次艤装

二次艤装の作業風景。写真は4号函のウインチタワー設置状況

二次えい航
2019年2月8日

都内15号地木材ふ頭から船橋食品ふ頭まで一次えい航した後、ウインチタワーやポンツーンなどの二次艤装を施し、沈設場所まで二次えい航した。

■二次えい航の姿図

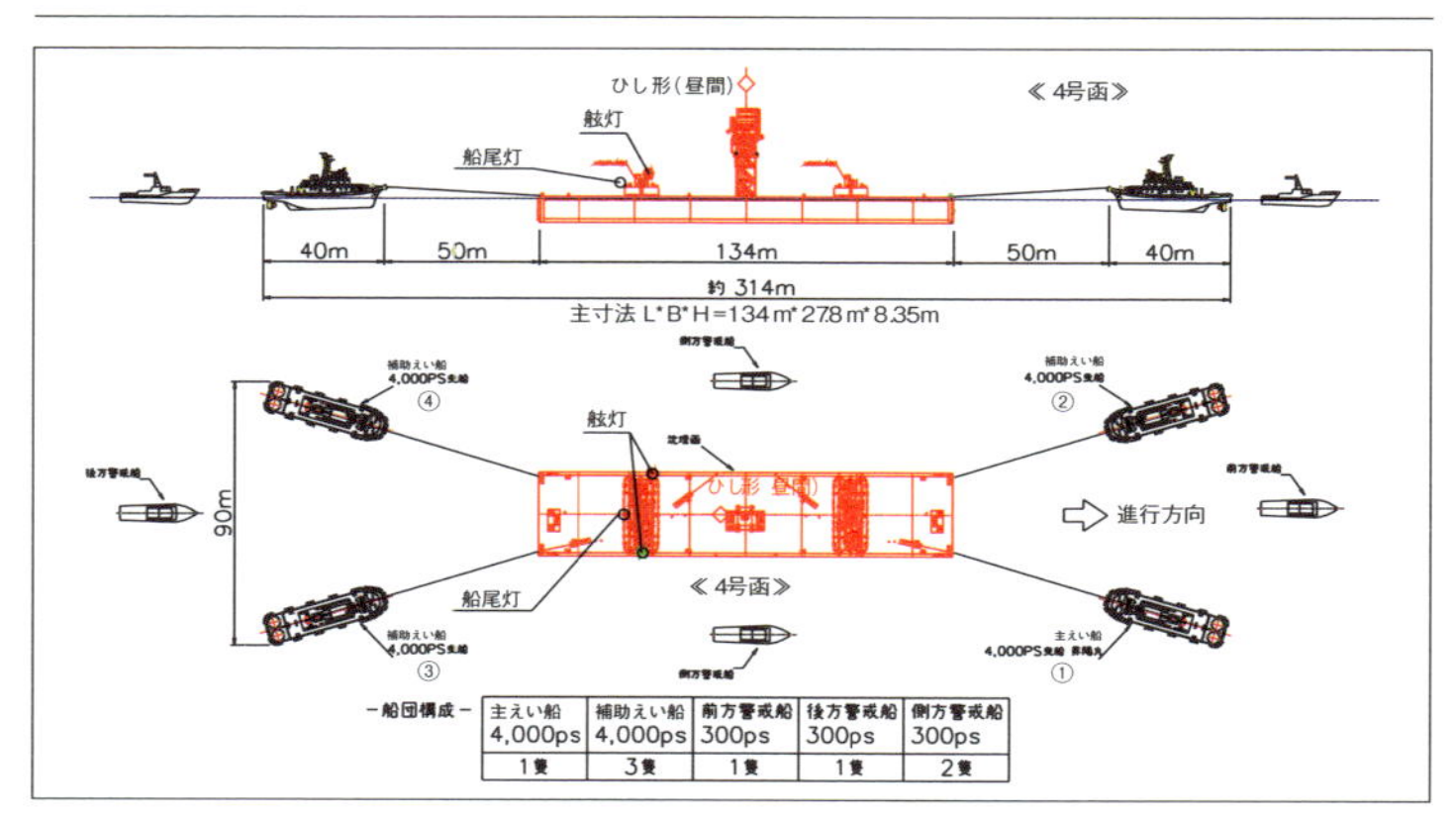

主えい船 4,000ps	補助えい船 4,000ps	前方警戒船 300ps	後方警戒船 300ps	側方警戒船 300ps
1隻	3隻	1隻	1隻	2隻

■回頭位置図

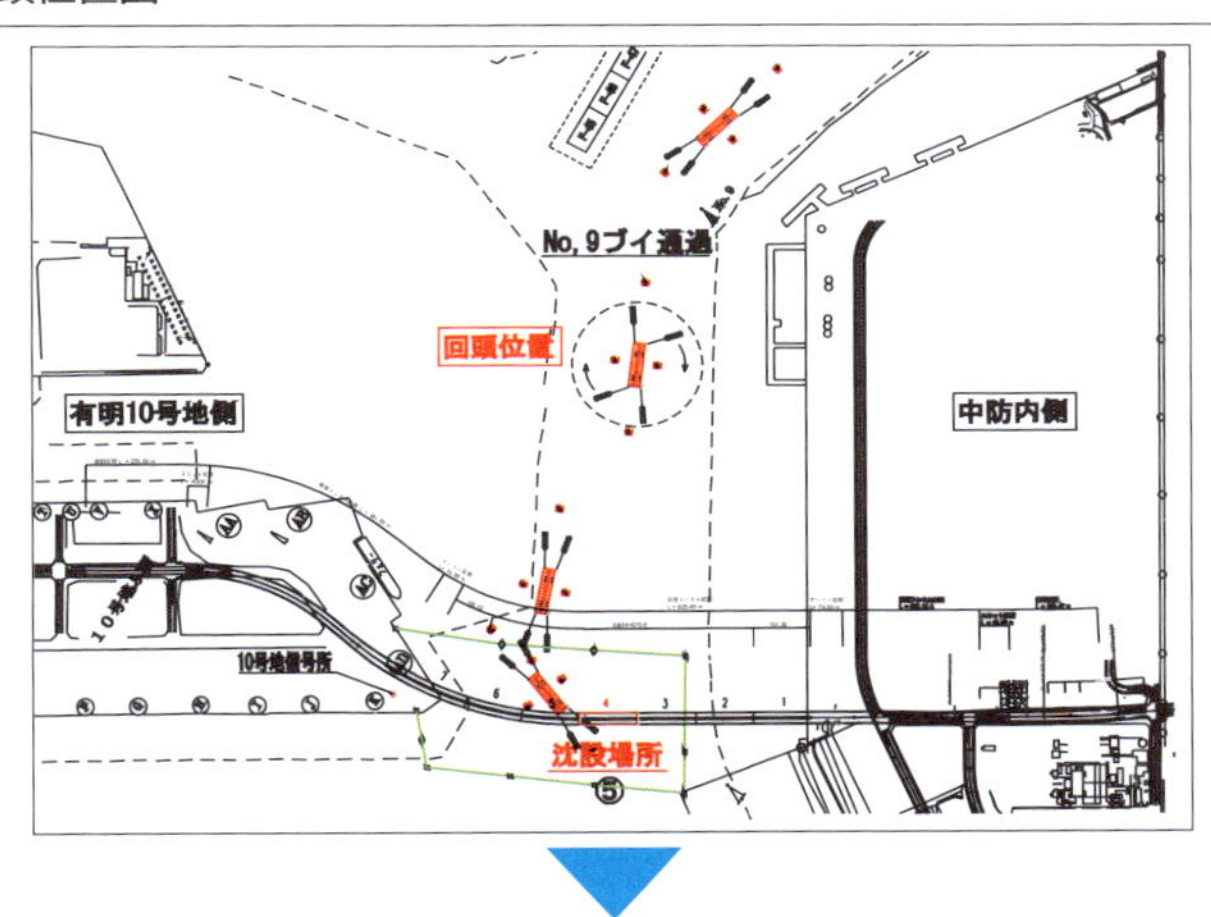

■係留位置図

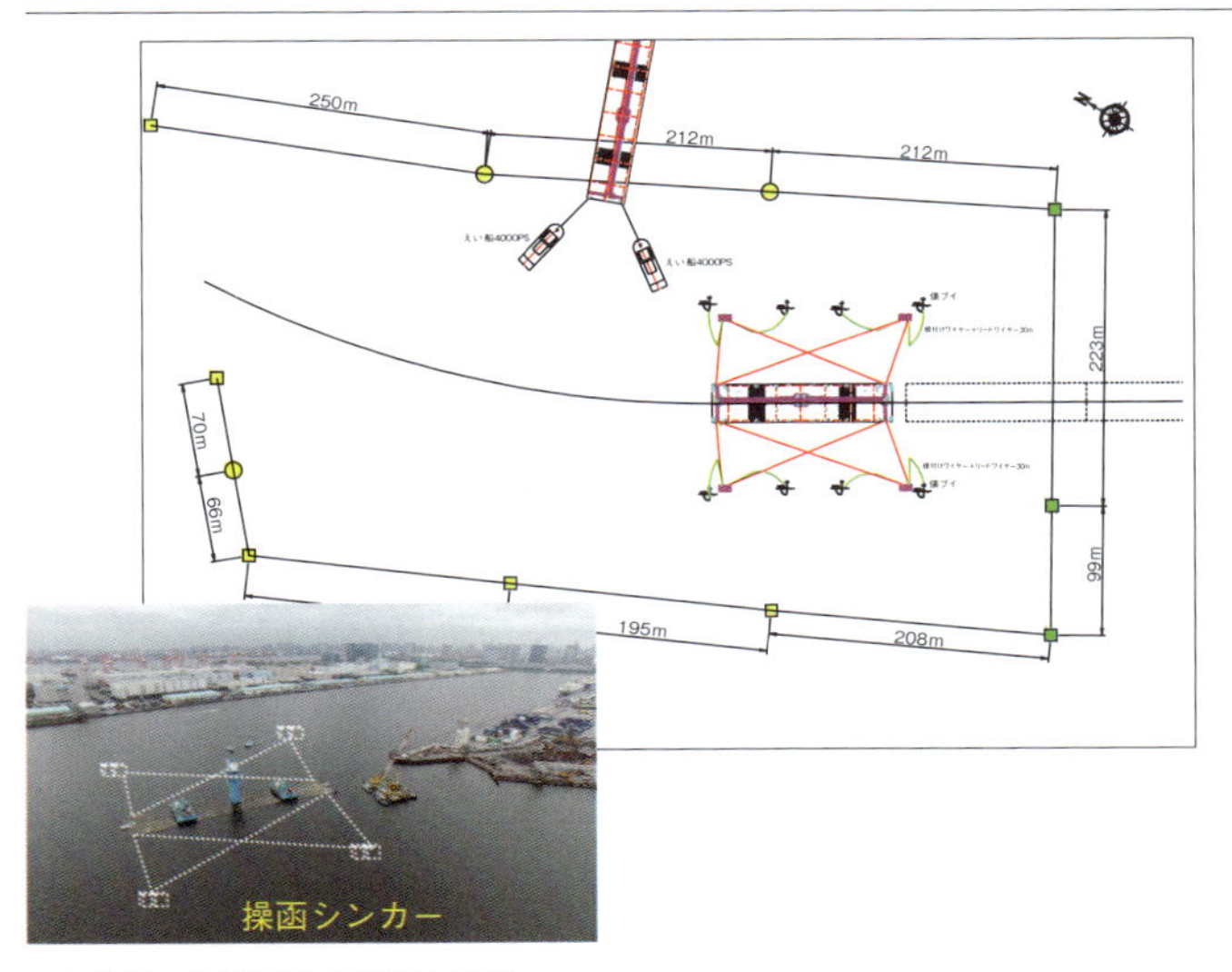

二次艤装の作業状況。写真は6号函

沈設・水圧接合
2019年2月11日

沈設は、前日に訓練を行った上で本番に入る。朝礼と準備を済ませた後、午前7時からバラストに水を注入、前進と沈降を繰り返しながら既設函に近づけるとともに沈めていく。午後4時から水圧接合を始めた。

■沈設・水圧接合のプロセス

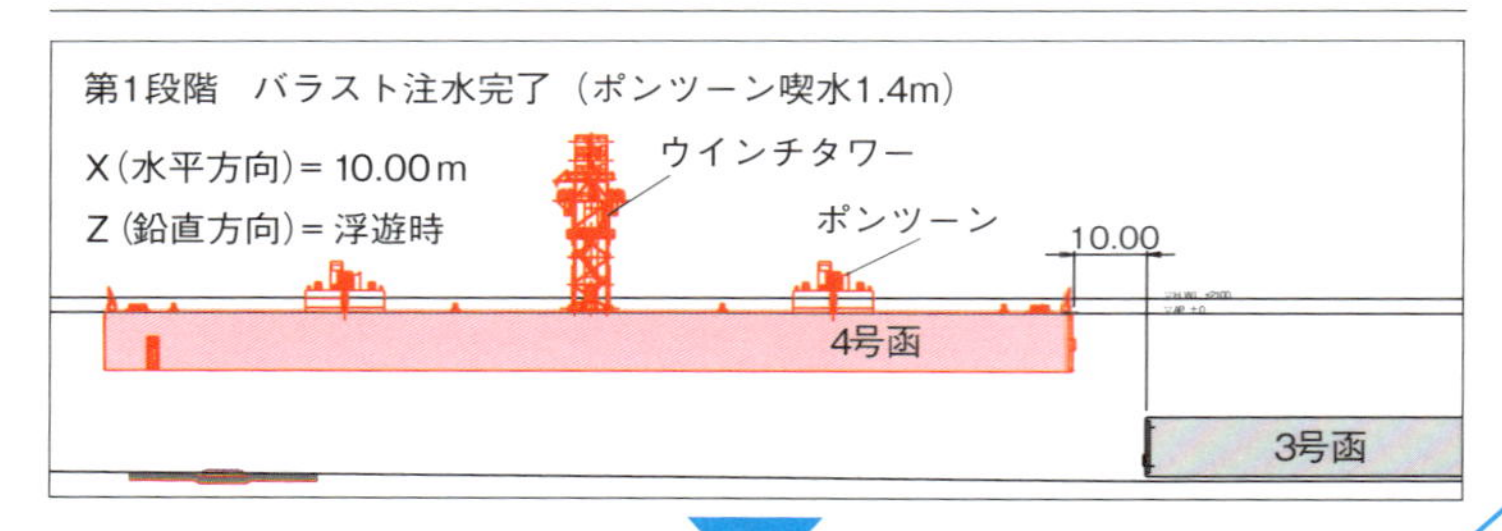

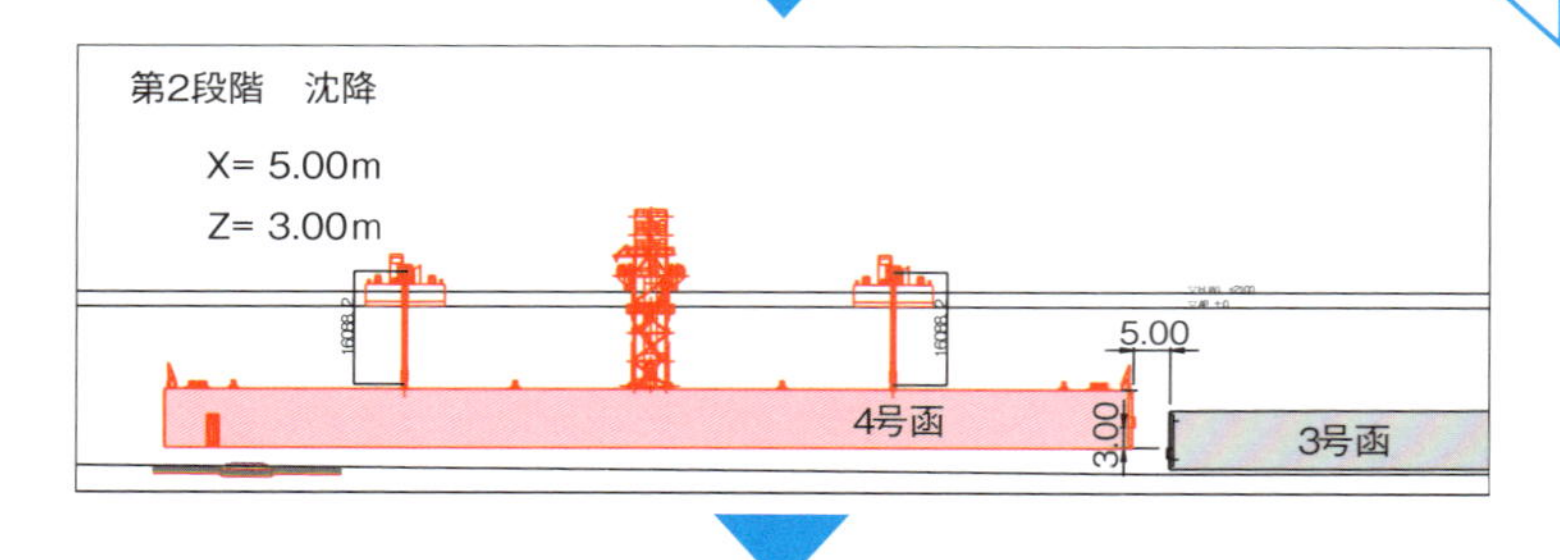

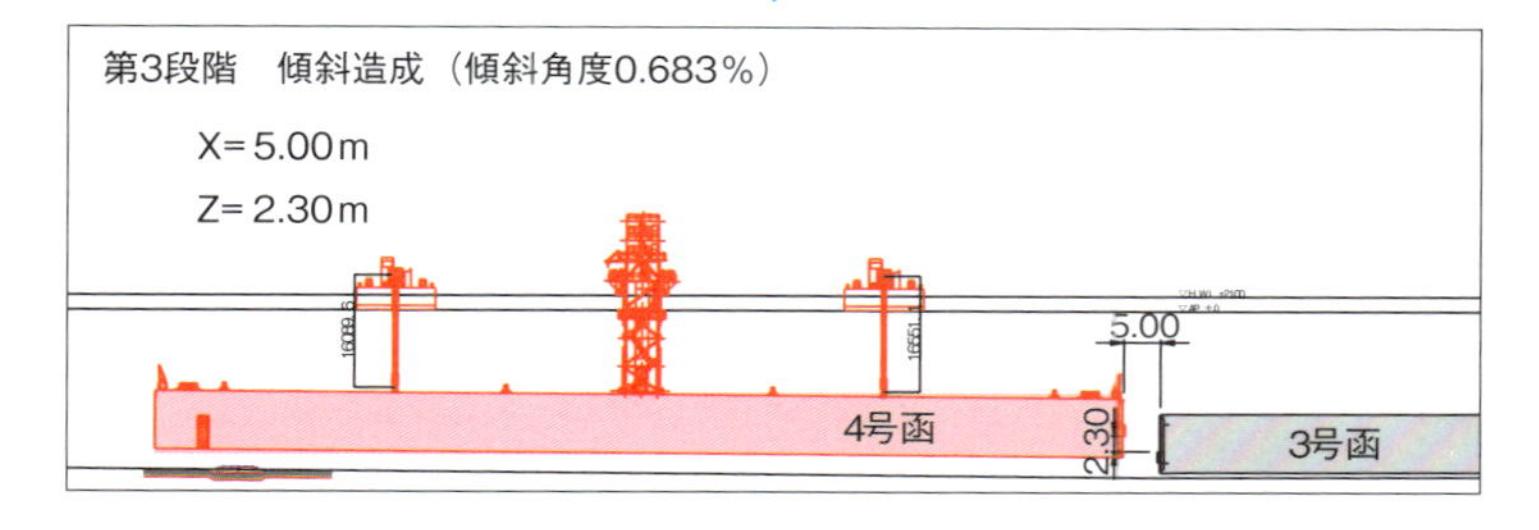

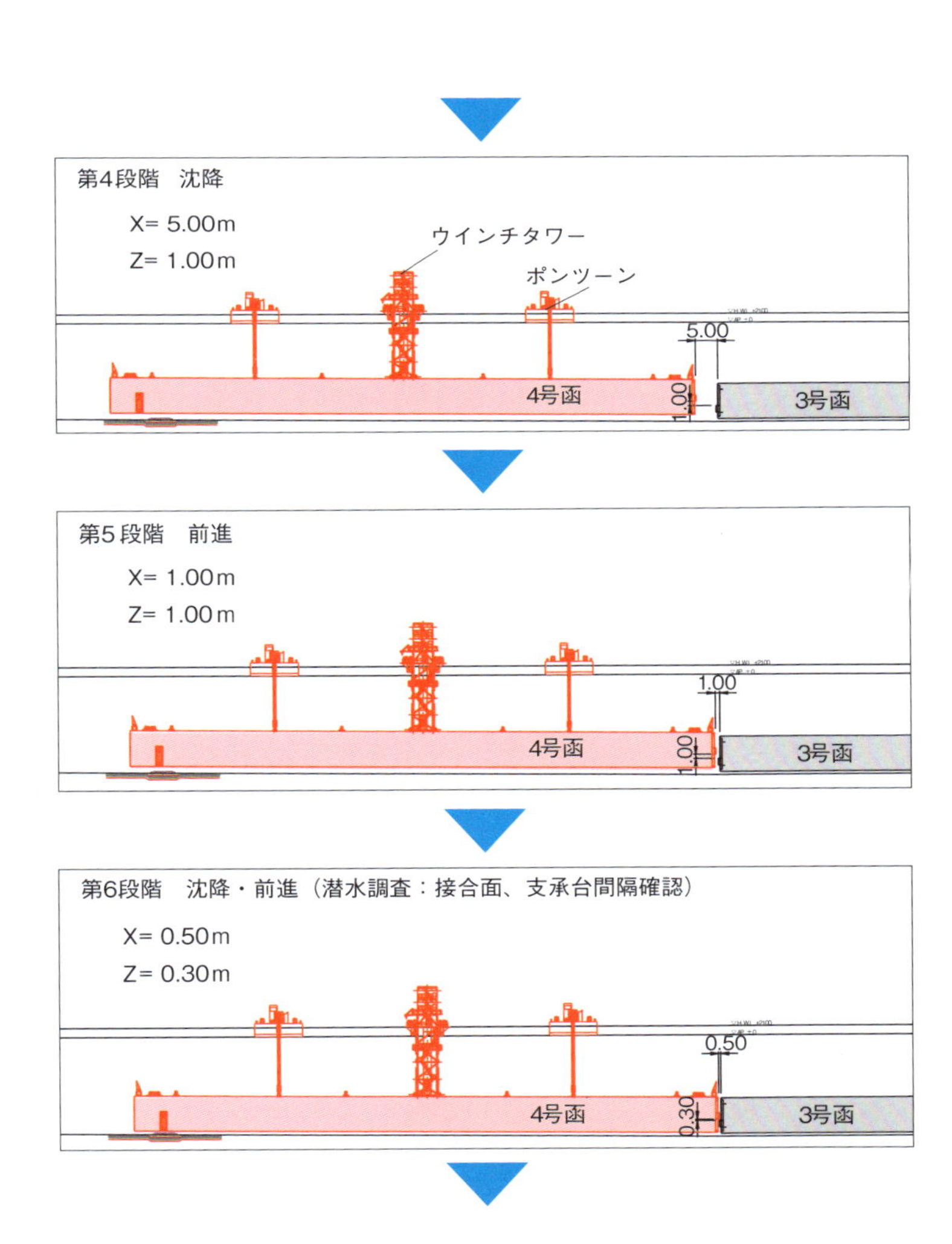
第4段階　沈降
X= 5.00m
Z= 1.00m
ウインチタワー
ポンツーン
5.00
4号函
1.00
3号函
第5段階　前進
X= 1.00m
Z= 1.00m
1.00
4号函
1.00
3号函
第6段階　沈降・前進（潜水調査：接合面、支承台間隔確認）
X= 0.50m
Z= 0.30m
0.50
4号函
0.30
3号函

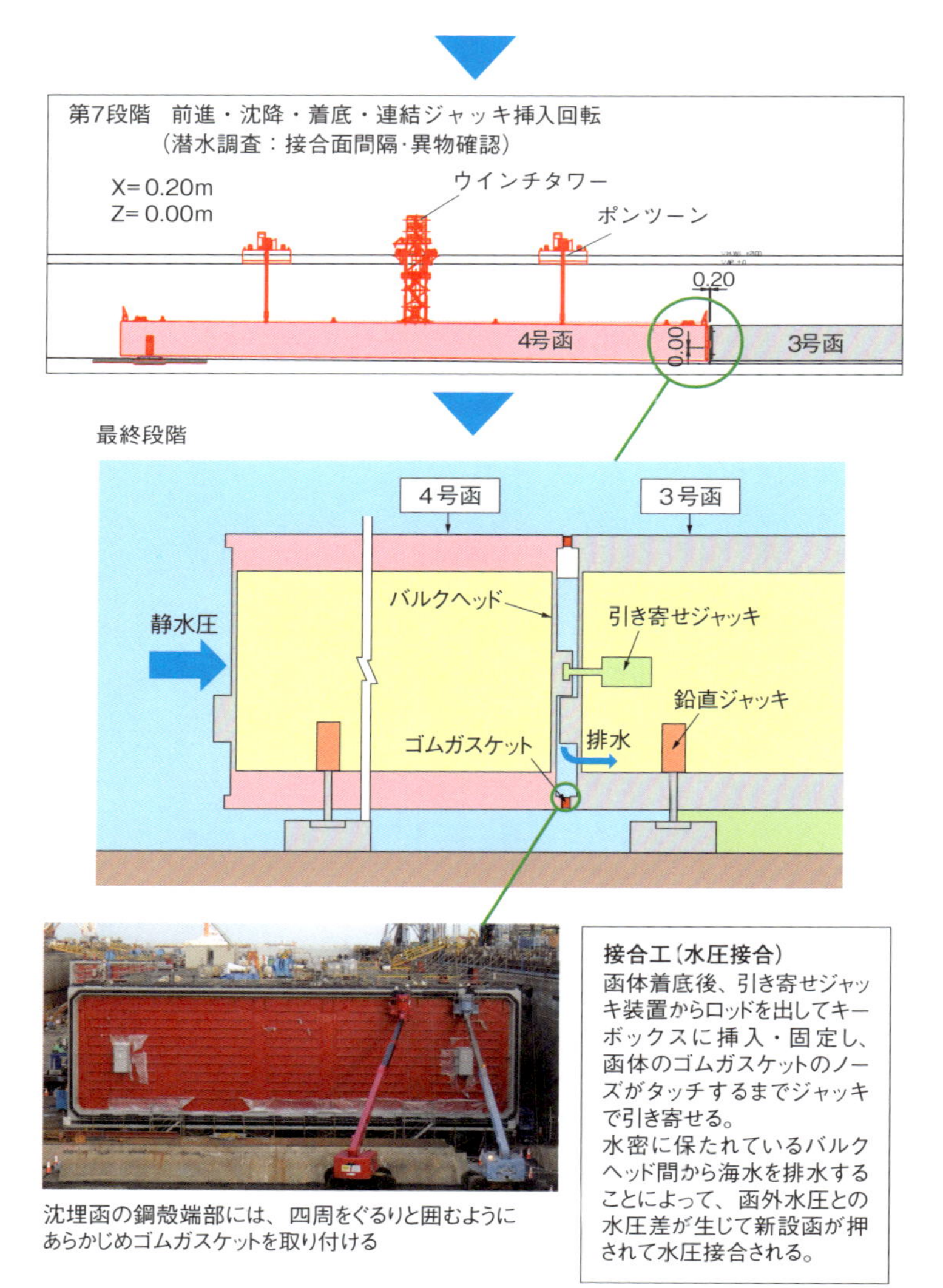

沈埋函の鋼殻端部には、四周をぐるりと囲むように
あらかじめゴムガスケットを取り付ける

接合工（水圧接合）
函体着底後、引き寄せジャッキ装置からロッドを出してキーボックスに挿入・固定し、函体のゴムガスケットのノーズがタッチするまでジャッキで引き寄せる。
水密に保たれているバルクヘッド間から海水を排水することによって、函外水圧との水圧差が生じて新設函が押されて水圧接合される。

第三章

「沈埋」を進化させた3つの技術開発

相次ぐ大型プロジェクトで技術が進歩

1944年に大阪の「安治川トンネル」が沈埋トンネルとして初めて開通して以降、これまでに国内では30本の沈埋トンネルが造られてきた。すでに80年ほどの実績と歴史を重ねているが、その中でもとりわけ大きな技術革新が見られたのはここ30年ほどのことである。1980年代後半から2010年代にかけて相次いだ大型プロジェクトを実現するために、各種技術が飛躍的に進化した。

第二章の「沈埋トンネルはどう造る?」では、トンネルを造る各プロセスに分けて、それぞれの主要技術を紹介したが、ここでは最近30年の時間軸上に主要技術をプロットして、沈埋トンネルがどのように進化したのかを、第二章のおさらいを兼ねて整理してみたい。時間軸で見直してみると、各プロセスで開発された技術は決して独立したものではなく、プロセスを横断した相関関係にあることも見えてくる。

焦点を当てる約30年の技術開発を俯瞰(ふかん)すると、沈埋トンネルの急成長を支えた3つの大きな流れが読み取れる。

1つ目は沈埋函の「**構造形式の発展**」である。構造形式という視点で見るとき、この期間の最大の成果はフルサンドイッチ構造による「浮遊打設方式」（59ページ参照、１０１ページに詳述）の進化である。建設地まで鋼殻をえい航し、現地でコンクリートの打設が可能になった点にポイントがあると言えるだろう。

２つ目は「**最終継手の技術革新**」である。第二章でも述べたように、沈埋函の最後のワンピースをつなげる最終継手に関しては、「効率的で安全なもっといい方法がないか」という課題が常にあり、試行錯誤が繰り返されてきた。新たに開発された「キーエレメント工法」（97ページ参照、第五章に詳述）は、最終継手を省略するという斬新なものだった。

３つ目は、地震や地盤沈下に対応する「**可とう性継手の進化**」である。継手は常に進化し続けていたが、この時期に開発された「クラウンシール継手」（77ページ参照、第六章に詳述）は、地盤条件の悪い場所でも対応できるなど、沈埋トンネル建設の可能性を高めるものとなった。

以降、これら３つの流れについてもう少し詳しく追ってみよう。

■主な技術開発の流れ

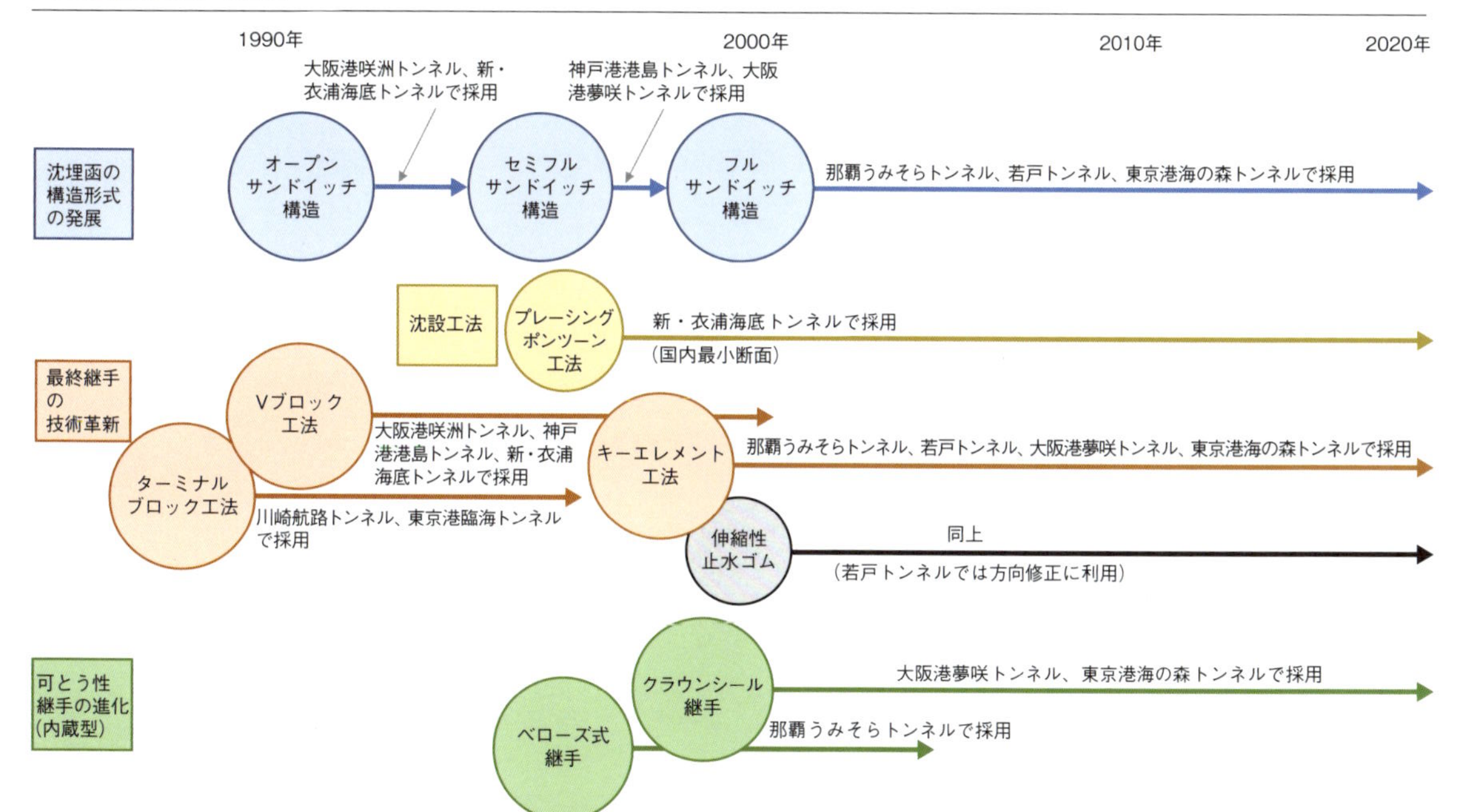

※セミフルサンドイッチ構造は、上床版、側壁、隔壁をフルサンドイッチ構造、下床版をオープンサンドイッチ構造としたもの

従来の鋼殻構造から鉄筋いらずのフルサンドイッチ構造へ

第二章で述べたように、国内にある初期の沈埋トンネルで用いられた沈埋函は「**鋼殻構造**」（51ページ参照）が主流だった。陸上で鋼殻を作製した後、水上に浮かべて係留した状態で、鋼殻内部に鉄筋を配置してコンクリートを打設する鉄筋コンクリート構造である。

鋼殻構造は伝統的な沈埋函の形式だが弱点があった。鋼殻を浮遊させた状態で鉄筋を組み立てたり、コンクリートを打設したりするので、作業性や出来形精度の確保に現場は苦心していた。そこで、1976年に完成した「東京港トンネル」以降、国内で建設する大断面の沈埋トンネルは、函体全体を「**ドライドック**」（臨海部の製作ヤード、54ページ参照）で構築するコンクリート構造を用いるようになった。

その後、1980年代後半から構造形式は急速に進化していく。「**オープンサンドイッチ構造**（**鋼コンクリート合成構造**）」（53ページ参照）が開発され、「大阪港咲洲トンネル」（1997年開通）で初めて実用化された。

その頃、コンクリートの分野では高流動コンクリートが実用化された。それを受けて構造形式は「**フルサンドイッチ構造**」（53ページ参照）へと進化し、岸壁に浮遊係留した鋼殻状態の沈埋函にコンクリートを打設する「浮遊打設方式」がとられるようになった。従来の

■鋼殻を海上輸送してコンクリート打設

若戸トンネルの7号函は、鋼殻を組み立てた後、建設地の近くに係留してコンクリートを打設した。ここでは充塡コンクリートを用いた

鋼殻構造と異なり、鉄筋の組み立てや足場の確保などが不要で作業性も良く、フルサンドイッチ構造により、剛性も高く、出来形精度も向上させることが可能となった。これによって、ドライドックの確保が難しい立地でも、経済合理性の取れた大型の沈埋トンネルを建設できるようになった。浮遊打設方式によるフルサンドイッチ構造の沈埋函は、「若戸トンネル」（2012年開通）、「那覇うみそらトンネル」（2011年開通）、「東京港海の森トンネル」（2020年開通）などの主要な沈埋トンネルで用いられている。

最終継手を省略する技術に到達

沈埋トンネルの建設で、沈埋函の最後の接続部分となるのが最終継手である。従来の最終継手には「止水パネル工法」などが採用されていた。しかし、潜水士の水中作業に頼る部分が大きいことなどから、より安全で確実な方法が求められていた。

最終継手に関しては、この30年の間に目覚ましい進化が見られた。

その第一歩となったのは、陸上側の立坑（たてこう）から接合ブロックを押し出して接合させる「**ターミナルブロック工法**」（80ページ参照、114ページに詳述）である。潜水作業に頼っていた従来の工法を見直し、陸上作業ですべてを完成させることができるよう開発された画期的な工法であった。しかしながら、立坑構造が複雑になることや、陸上トンネル部に直接沈埋函が接合する場合もあるため、立坑などの取り付け部の構造に影響を与えない工法も求められていた。

そして誕生したのが、従来の最終継手とは全く異なる斬新な発想から生まれた「**Vブロック工法**」（第四章に詳述）である。くさび形をしたブロックを、自重や上下の圧力差を利用して、既設函に水圧接合させる。

さらに、Vブロック工法の技術を下地に、その発展型として開発されたのが「**キーエレ**

■Vブロック工法のイメージ

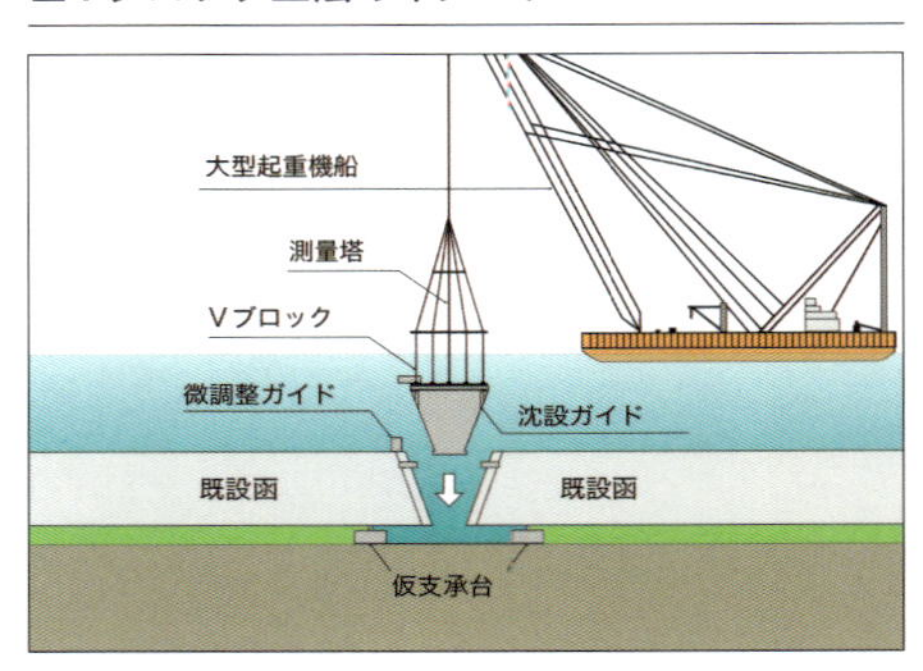

■キーエレメント工法のイメージ

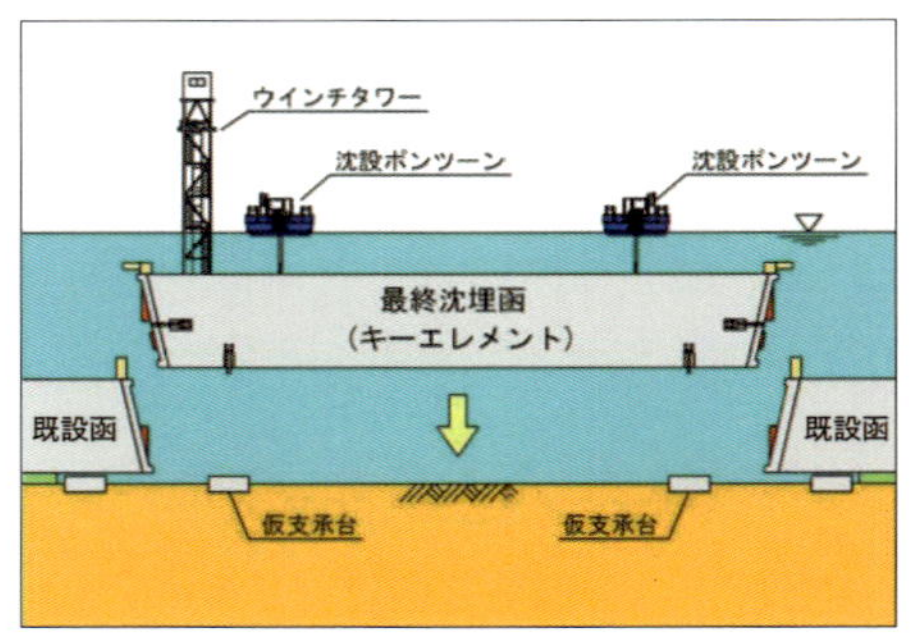

メント工法」（第五章に詳述）である。

最初にキーエレメント工法が採用されたのは、「那覇うみそらトンネル」であった。このトンネルの建設では、航空制限の関係で背の高い起重機船（大型クレーン船）の使用が制限されたため、すでに実績のあるVブロック工法の採用は難しかった。そこで、通常の沈設工法で施工できる新しい方法を模索した結果、キーエレメント工法の誕生に至った。工法的な合理性から、現状ではVブロック工法を用いる必然性は薄まり、基本的にはキーエレメント工法が用いられている。

このように、最終継手を巡っては最近の30年間に次々と新しい技術が考案・実用化され、ついに最終継手そのものを省略できる画期的なキーエレメント工法に到達した。

可とう性継手の概念を刷新した「クラウンシール継手」

30年間の沈埋トンネルにおける進化を象徴する流れの3つ目は、継手の進化である。紛らわしいようだが、ここで言う継手とは、前項のような沈埋函同士の接合部ではなく、沈埋函に内蔵する形であらかじめ取り付けておく、いわばプレハブ化された継手である。

地震動に対応するため、沈埋函同士の接合部には、従来は一定の伸縮性を備えるゴム製の**「可とう性継手」**（73ページ参照）を用いるのが主流だった。しかし近年、地盤条件が悪い場所でのトンネル建設や、設計上の地震動の見直しなどがあり、徐々に従来の可とう性継手では対応が難しいケースが生じるようになってきた。それでも継手に用いるゴムガスケットの高さや硬さを変えて何とか対応していたが、それも限界となり、新しい内蔵型の可とう性継手が求められる状況を迎えた。

そして開発されたのが**「クラウンシール継手」**である。最初に採用されたプロジェクトは、地盤沈下による継手の目開きへの対応が課題になっていた「大阪港夢咲トンネル」（2009年開通）である。沈埋函同士の接合部は、従来のジーナ型ゴムガスケットによる可とう性継手とし、新たに開発された沈埋函内蔵型のクラウンシール継手と組み合わせることで建設が可能になった。

クラウンシール継手は、従来の可とう性継手の概念を大きく変える技術で、その後の「東京港海の森トンネル」でも採用されている（第六章に詳述）。

こうして見てきたように、ここ30年ほどの間に多くの技術革新が進み、各種技術を最適な形で組み合わせながら各地で沈埋トンネルが建設されてきた。

第三章では、沈埋トンネルを形づくる主要な技術や、近年の主な技術革新などを俯瞰してきた。次章からは、近年の技術革新を象徴する技術として、Vブロック工法やキーエレメント工法、クラウンシール継手などをクローズアップし、それぞれの開発プロセスや技術の概要、そして採用事例などについて詳しく説明していきたい。実は、いずれの工法も序章で述べた、「水の力を利用して水を止める」という沈埋トンネル工法の考え方を開発の基本としているのが大きな特徴である。

Close-up　沈埋工法のターニングポイント

フルサンドイッチ構造の開発でどこでも沈埋トンネルの建設が可能に

第四章から水圧を利用した革新技術の開発について詳細に見ていく。第三章の冒頭でも説明した通り、沈埋工法のターニングポイントとなった技術がある。鋼コンクリート合成構造によるフルサンドイッチ構造である。この構造の開発によって、鋼殻を海上に浮かべて函体の変形を抑えてコンクリートを打設できる浮遊打設方式をとれるようになった。

そのため、近場にドライドックがない地域でも、鋼殻を製作した後、えい航して施工場所の近くで浮遊打設することで、沈埋トンネルを建設できるようになった。沈埋トンネルの採用可能性が一気に広がった。

ここでは、沖縄の那覇うみそらトンネルの施工を通して沈埋函の製作方法を紹介する。ご存じのように、沖縄は本土から遠く離れ、東京から沖縄本島までおよそ１６００㎞、九州の鹿児島からでも６６０㎞の位置にある。また、沈埋函の鋼殻を製作できる造船所などもない場所である。

函体端面の出来形管理に細心の注意

フルサンドイッチ構造の鋼殻は、せん断補強鋼板を３ｍ×３ｍの枡状に配した構造で、係留桟橋上に止めたコンクリートポンプ車から、高流動コンクリートなどを圧送して枡単位で打設する。ただし、従来のドライドックで造られる沈埋函に比べて、コンクリート打設に伴う沈埋函の変形に配慮しなければならない。水圧接合に影響を及ぼすという理由から、特に端面の出来形が重要となる。

国内で初めて浮遊打設を採用した那覇うみそらトンネルでは1号函の打設に先立って、変形量を、モデルを通じて計算するこ

■那覇うみそらトンネルのフルサンドイッチ式鋼コンクリート合成構造

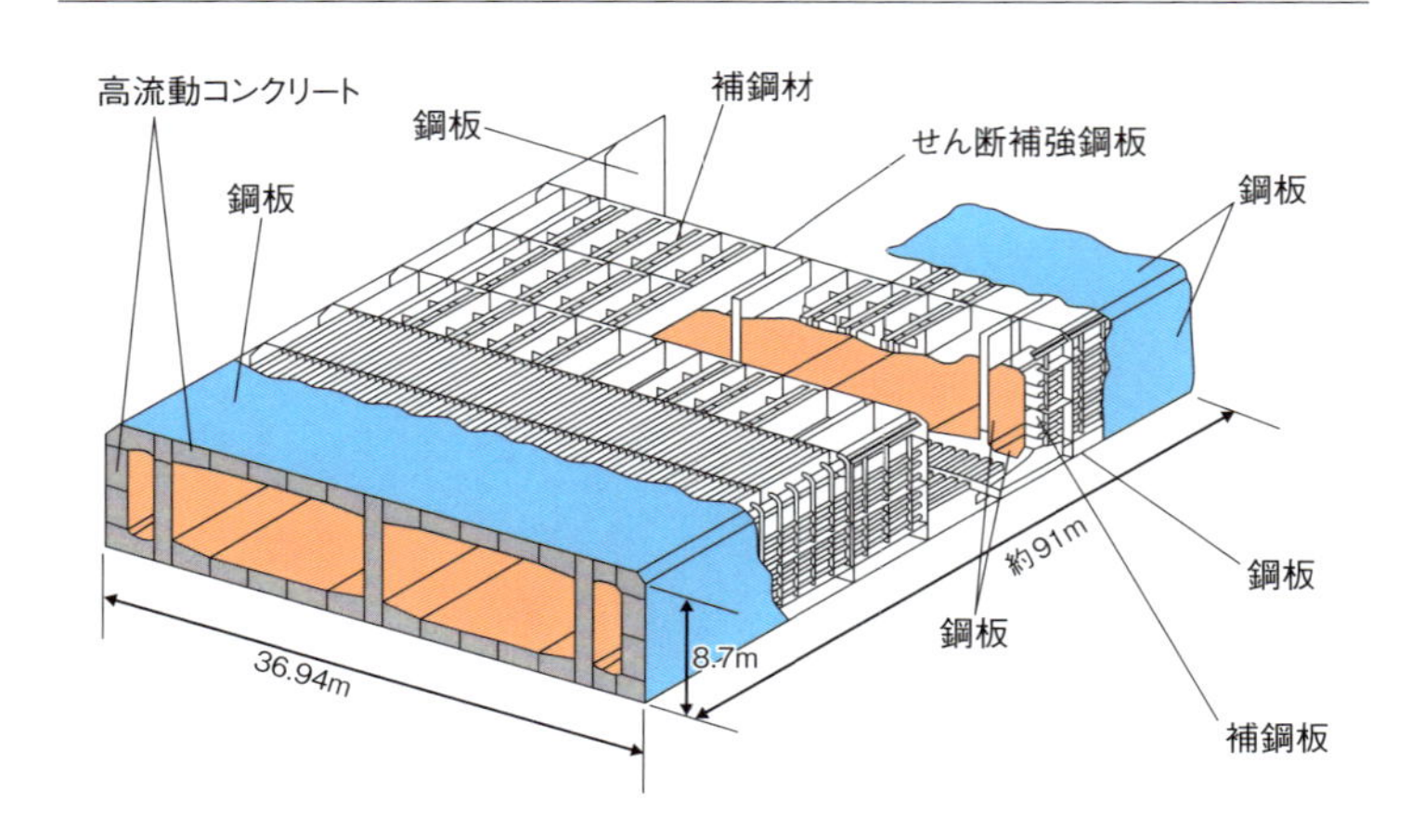

とでコンクリート打設順序を検討している。二次元骨組み解析と三次元FEM解析（有限要素法解析）の両方を実施。横断面と縦断面の打設順序をそれぞれ比較検討して最適打設順序を決定した。その後の実測値との比較で、より簡易に変形量を求められる二次元骨組み解析でも精度の高い解析が可能なことがわかった。

那覇うみそらトンネルの浮遊打設に当たっては、①トータルステーションを使用した三次元計測システムによる計測、②レーザーとCCDカメラを使用した端面計測――を併用して、函体の変形計測管理を徹底した。

■高流動コンクリートを使用

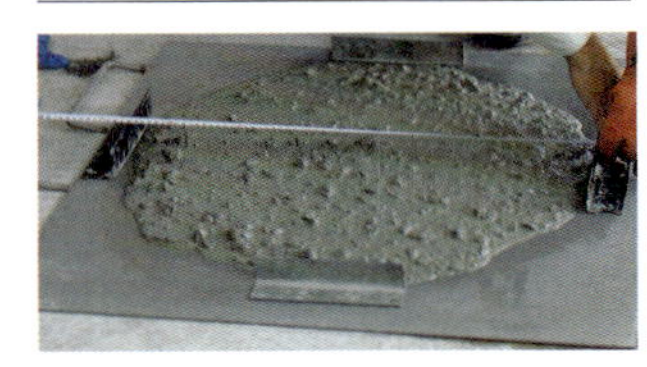

高流動コンクリートは、打設時に、高い自己充填性と分離抵抗性を併せ持つ

■浮遊打設におけるコンクリートの打設順

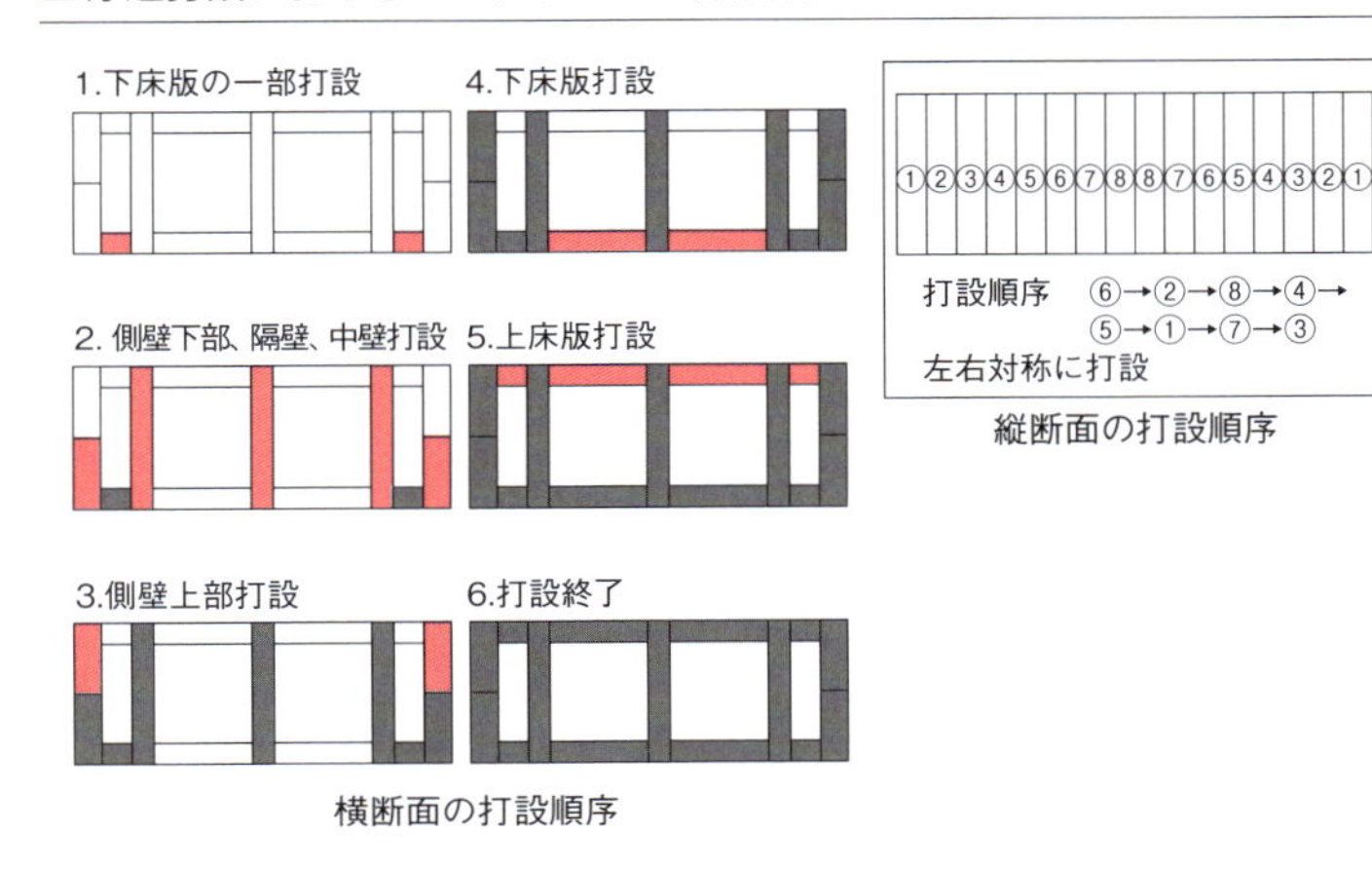

横断面の打設順序

縦断面の打設順序

Column

高流動コンクリートの打設方法は？

沈埋函のフルサンドイッチ構造は102ページの図に示すようにトンネル軸方向、トンネル横断方向ともおよそ３ｍピッチのせん断補強鋼板で仕切られている。その仕切られた部屋一つひとつに高流動コンクリートを充填していくことになり、各打設区画の打設量は10～12㎥となる。各区画への高流動コンクリートの打設には想像以上に緻密さが求められる。

各打設区画の中央にコンクリート打設孔（直径200㎜）があり、高さ１ｍの打設パイプを設置する。打設区画の端部には直径50㎜の空気抜き孔に高さ１ｍの空気抜きパイプを取り付ける。中央から高流動コンクリートを打設し、空気抜きパイプから空気が抜け、コンクリートが30㎝以上上昇するのが確認された時点で充填完了とする。

高流動コンクリートは流動性が高く、締め固め不要の性能があるため、このような施工が可能となる。内部が見えない各区画の高流動コンクリートの品質を確保するために、各区画を数㎥の打設量に抑えるとともに、綿密なコンクリートの運搬および打設計画に基づき施工することが必要となる。

■上床版の構造（上）とコンクリート打設の要領

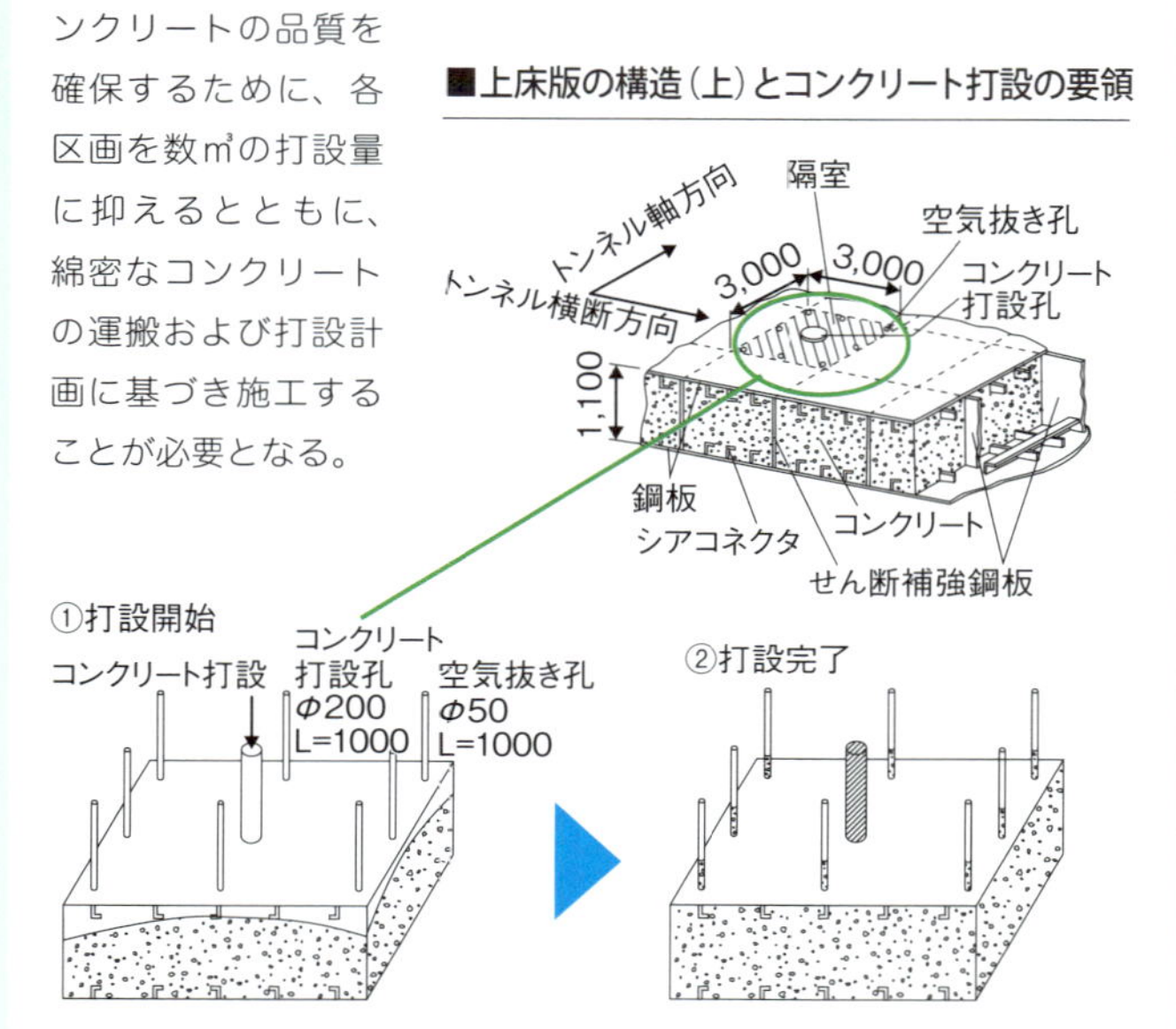

本土から沖縄まで半潜水式台船で鋼殻を海上輸送

浮遊打設が可能になり、鋼殻の製作場所から、施工場所までの長距離運搬という新たなテーマも生まれている。運搬方法としては、①半潜水式台船によるえい航、②フローティングドック（FD）船によるえい航、③浮遊えい航――の3種類がある。このうち鋼殻を直接運搬する浮遊えい航については、えい航距離が長くなく、穏やかな内湾の場合に向いている。航行距離が25海里以上は回航と呼ぶ。

那覇うみそらトンネルでは、陸上ヤードで製作した鋼殻、造船ドックなどで製作した鋼殻の計8函とも、半潜水式台船で那覇まで運搬した。造船ドックで製作した場合は、ドック内に注水して進水させ、待機した半潜水式台船にすくい上げて鋼殻を積み込んだ。陸上ヤードで製作した場合には、陸上から直接、半潜水式台船に引き込み、積み込んだ。えい航した後の浮遊打設については係留桟橋で行った。

■①鋼殻製作

全国各地の造船ドックや陸上ヤードを利用して計8函の鋼殻を製作した

■②進水

完成した鋼殻は半潜水式台船に積み込んだ

■③回航

鋼殻の回航風景

■那覇うみそらトンネルの鋼殻の海上輸送ルート

■④浮遊打設

建設地の近くに係留して高流動コンクリートを打設した

■那覇うみそらトンネルの鋼殻製作場所　（※建設当時）

1号函	新日本製鐵	福岡県北九州市	陸上ヤード
2号函	住友重機械工業	愛媛県東予市	陸上ヤード
3号函	日本鋼管	三重県津市	ドライドック・造船ドック
4号函	神戸製鋼所	兵庫県播磨町	陸上ヤード
5号函	日立造船	大阪府堺市	ドライドック・造船ドック
6号函	IHI	愛知県知多市	ドライドック・造船ドック
7号函	日立造船	大阪府堺市	ドライドック・造船ドック
8号函	三井造船	大分県大分市	陸上ヤード

■浮遊打設におけるコンクリート打設のイメージ

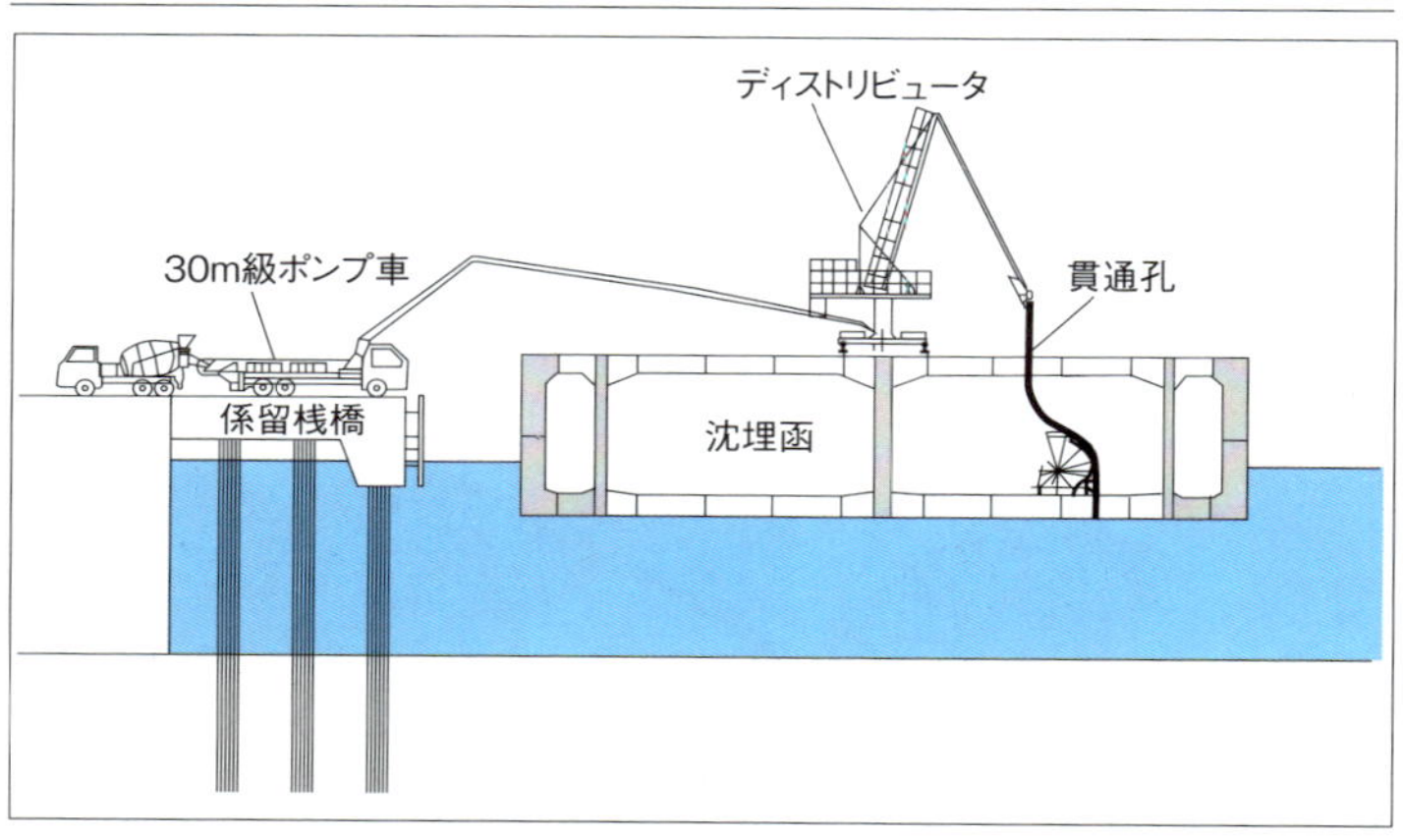

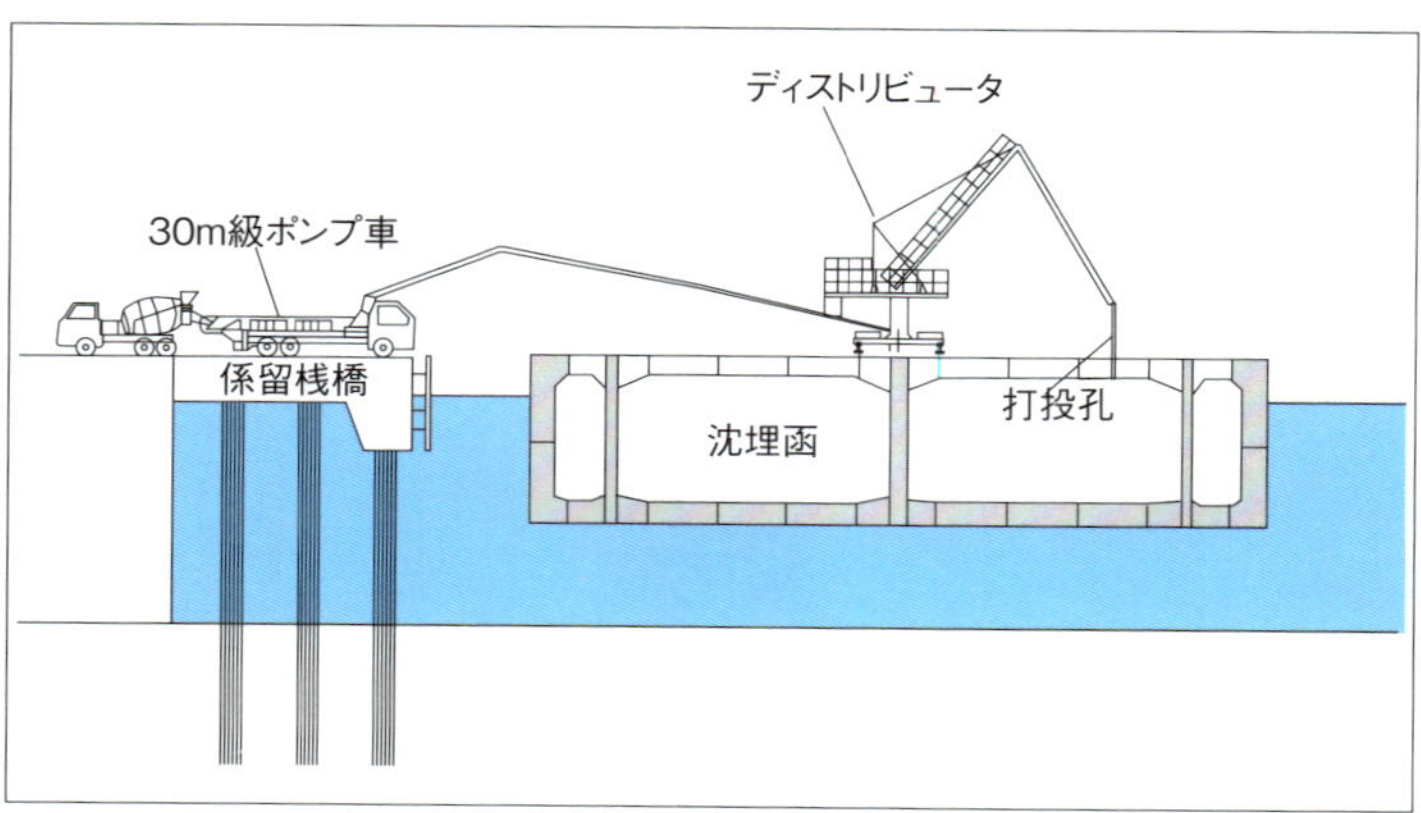

103ページの下の図に示した手順で高流動コンクリートを打設していく。上は下床版、下は上床版の打設の方法を表している

第四章

「Vブロック」から始まった最終継手改革

１９８５年に事業の始まった首都高速湾岸線の「多摩川・川崎航路トンネル」（共に１９９４年開通）を皮切りに、およそ30年にわたってビッグプロジェクトが続き、沈埋トンネルを造る技術は飛躍的に進化した。プロジェクトごとに開発・採用された新しい技術の一つひとつは、今も私の中で少しも色あせることなく息づいている。土木技術者としての私の歩みは、沈埋トンネルの進化と共にあったとつくづく思う。

１９９０年代初頭に私が初めて配属されたのが、まさに「川崎航路トンネル」の現場だった。羽田空港の間近、川崎の臨海部に位置する東扇島と浮島を結ぶ全長１９５４ｍの海底トンネルで、そのうち１１８７ｍが９つの沈埋函をつなげた沈埋トンネル部として計画された。

トンネル建設を担う建設ＪＶ（ジョイントベンチャー＝共同企業体）の構成企業の一員として現場に赴いた私がまず驚いたのは、沈埋函の巨大さだった。１つの沈埋函の大きさは、幅39・７ｍ、高さ10ｍ、そして長さは約１３１ｍにも及んだ。東京ドームのホームベースからセンターフェンスまでが１２２ｍ、サッカーコートの国際基準は縦方向が１００～１１０ｍというから、どちらにもその沈埋函は収まらない。それほど巨大なコンクリート函を９つ、１つずつ海底に沈めてはつなげるという作業を繰り返して約１２００ｍのトン

■長さ約131mの沈埋函を9函つなぐ

川崎航路トンネルの工事において仮設ドライドックで沈埋函を製作しているところ。左手の沈埋函の上に立つのが筆者

ネルを造るのである。

「巨大な沈埋函同士を、水中に働く自然の水圧を活かしてぴたりと密着させてつなげていってトンネルを造るなんてすごい。沈埋トンネルは面白い」。構造物の大きさもさることながら、沈埋函を水圧接合によって寸分の隙間もなくつなげていく沈埋工法の発想と技術の合理性には感心するばかりだった。そこから私の技術者人生が本格的にスタートした。

沈埋工法は決して確立したものではないことを悟る

現場に通う日々は、目からうろこが落ちるほどに新鮮な学びの連続だった。ところが、少し勉強していくうちに意外な事実を知ることになる。実は、沈埋トンネルを築く技術は発展途上だった。過去のプロジェクトは様々な知恵と工夫を重ねて築かれてきたが、いまだに多くの課題や改善すべき点が残されており、沈埋工法の技術が確立しているわけではなかった。

個人的に、初めに大きな改善の余地があると思ったのが「最終継手」である。

沈埋トンネルは、両端にある立坑(たてこう)や陸上トンネルの間の水底で、複数の沈埋函をつなげていく。1つずつ沈埋函を沈め、先に沈めた函の後端に、次に沈めた函を突き合わせて「継手」でつなげる。継手は沈埋トンネルならではの知恵と言える水圧接合によって築く。

そうやって順々に沈埋函をつなげていくのだが、問題は最後のワンピースである。最後に沈設する沈埋函は両側にクリアランスをとりながら沈設し、どちらかの側に寄せて水圧接合を行う。このため、物理的に両側をぴたりと密着させることはできず、どうしても少し隙間が残ってしまう。この隙間を「最終継手部」と呼び、つまり、この部分は水圧接合ができないのである。そこを水密につながなければ、車や鉄道を通せるトンネルにならない。水圧接合のできない最終継手は、長い間、沈埋トンネルに携わる技術者の課題であった。

当時、多く用いられていた工法の1つに「**止水パネル工法**」があった。最終継手部分の外周にぐるりと鋼製パネル（止水パネル）を取り付ける方法である。その過程では、最終沈埋函が動いてずれたりしないように「ストラット」という突っ張り棒も取り付ける。

その時代では最大限の工夫を凝らした合理的な工法ではあったが、実際の工事となると現場には不安がつきまとった。

なぜなら、その工事は潜水士が担っていたからである。ストラットや止水パネルを取り付ける作業は、人力に頼るしかなかった。しかし、巨大な沈埋函を相手にする水中の工事は、1つ間違えれば人命に関わりかねない。現場としては常に祈るような気持ちで工事を見守り、技術者の中には「何かもっと新しい工法はできないものか」と考える人も少なくなかった。

私は、着任した川崎航路トンネルで、まさにその新しい工法を経験する機会に恵まれた。第二章の80ページでも触れた「**ターミナルブロック工法**」である。五洋建設の開発ではないが、止水パネル工法の課題を乗り越えようとして開発された新しい工法であった。

まず、立坑の底に近い仮締め切りの内部に、四角い筒状のスリーブを設け、最終継手となるターミナルブロックを格納しておく。そして、最終沈埋函が目の前まで沈められたら、スリーブを通してターミナルブロックを水平方向に押し出して最終沈埋函に密着させる。

潜水作業を不要にしたターミナルブロック工法は、沈埋トンネルを構築する画期的な技術として認められ、１９９４年に土木学会技術開発賞を受賞した。

しかし、実際に試してみると、地中深い立坑内の狭い空間で精度良くスリーブやターミナルブロックを造るのは手間のかかる難易度の高い工事であったのだ。間近で体験した私の頭の中にも、「もっと楽なやり方があるのではないか」という思いが残った。ではどうしたらよいのか。

最終継手を立坑の隣にもってくるから複雑になり、難しくなるのである。最終継手の位置は立坑のすぐ脇ではなく、沈埋トンネルのどこか中間地点にして、沈埋函同士で挟むようにしたほうが施工しやすいのではないか。そして、作業性の良い場所であらかじめ最終継手用のブロックを造っておき、それを沈埋函の間にはめ込んで接合させれば、最終継手の施工はずっと楽になるだろうと思い至った。

■ 止水パネル工法の構造

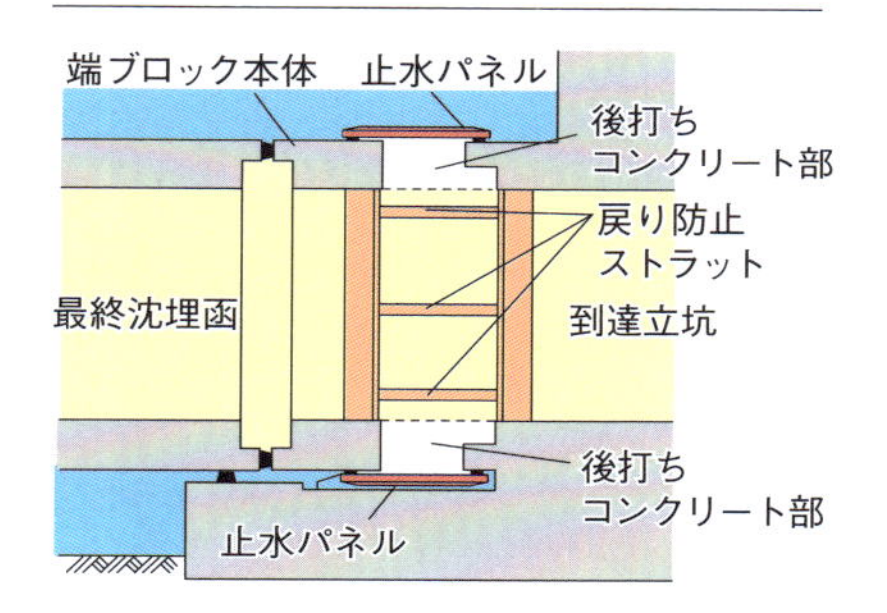

■ ターミナルブロック工法の構造

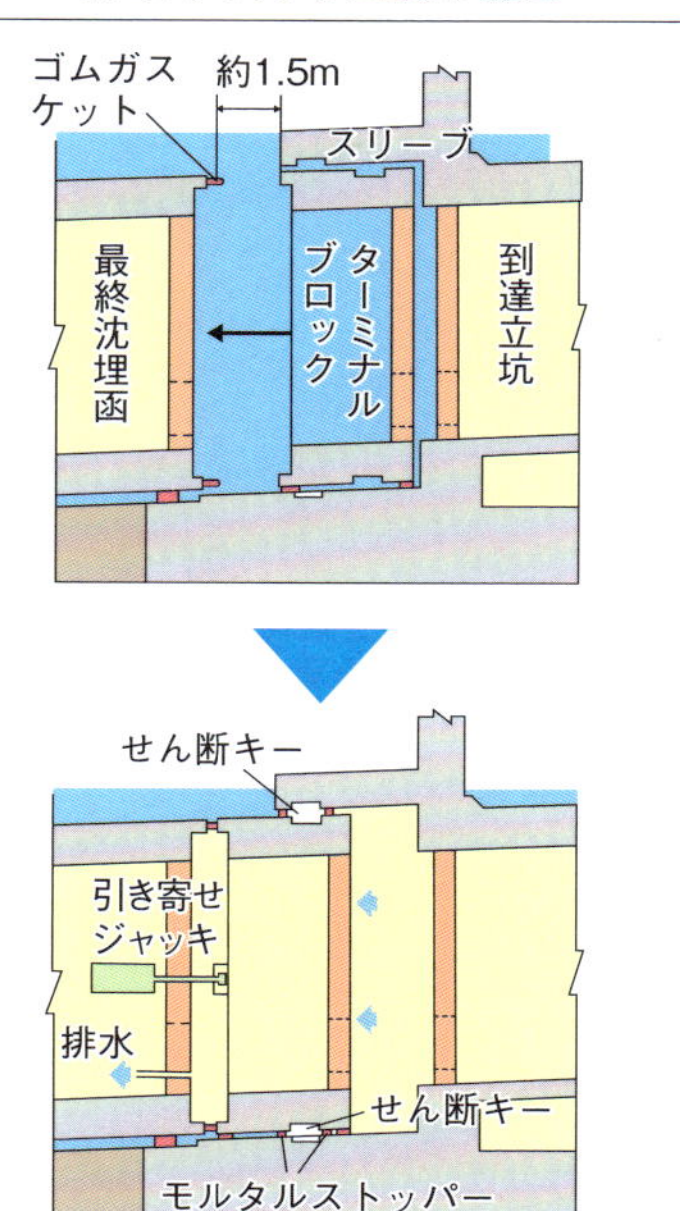

沈埋工法の接合の原点に帰る最終継手

その着想を基に開発したのが「**Vブロック工法**」である。

今も私の手元には、30代前半だった当時、Vブロック工法の原案となるアイデアを描いたスケッチが残っている。そこにはまだVブロックという言葉はない。代わりに「くさびブロック」と書いてある。スケッチのタイトルは「くさびブロック水平接合概念図」である。

沈埋工法の特徴は、あらかじめ製作した函体を水圧接合でつないでいくことにある。それならば、最終継手でも同じことができたらよいのではないか。つまり、他の沈埋函と同じように、最終継手ブロックも水圧接合で接合してトンネルを造ることができる。そんな素朴な問いかけがアイデアにつながった。

脳裏にひらめいたのは「くさび」だった。

原理はシンプルかつ自然なものである。例えば、固定された両側から四角い箱を並べていって強固な構造物を築こうとするとき、最後に残る隙間に四角い箱を差し入れても、箱同士がぴたりと密着した強固な構造体を造るのは難しい。どうしてもわずかな隙間が残ったり、ぐらつきが生じたりする。

水中で水圧接合を利用した沈埋トンネルを築こうとすればなおさらのことである。そこで、最終継手は通常の四角い沈埋函ではなく、くさびのようなV字形にしてはどうかというわけである。

くさびは古来、世界中で用いられてきたV字形の道具である。木造や石造の土木・建築構造物から、木造船や生活用品まで、くさびは広く使われてきた。私の出身地である九州に多く残る古い石造アーチ橋にも、アーチの頂部にくさび石(キーストーン)を打ち込んで

■Vブロック工法発案 当初のスケッチ

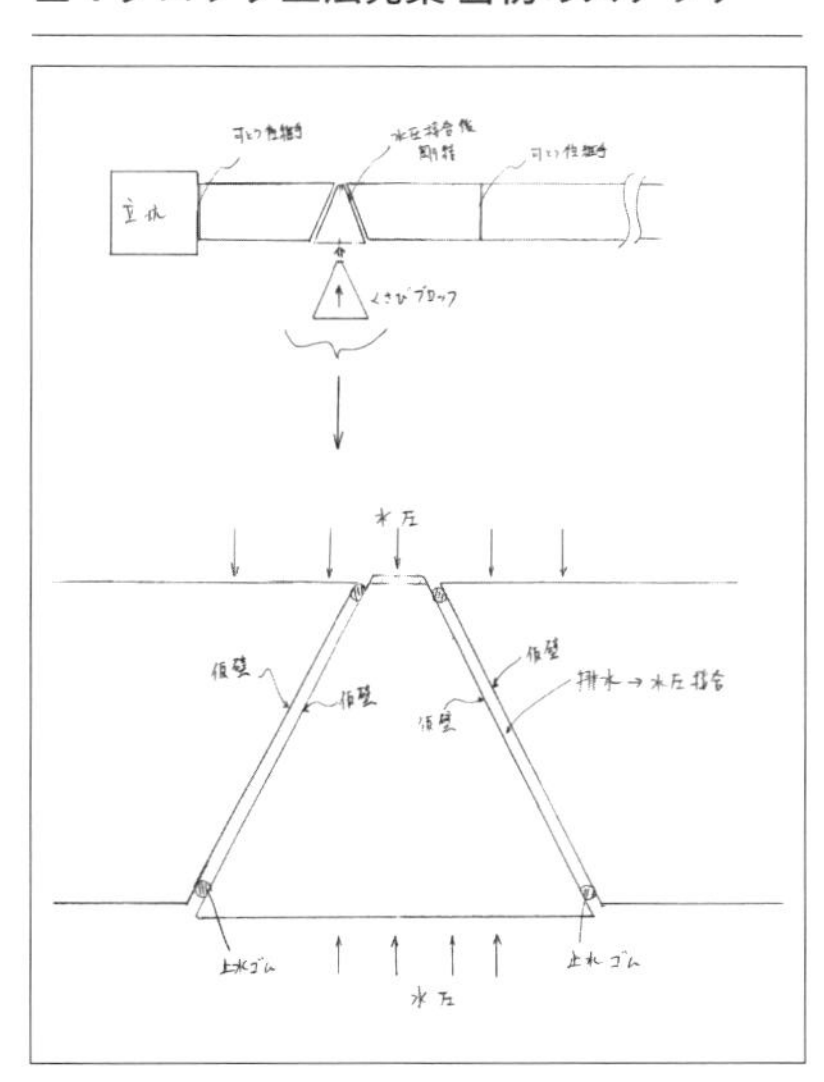

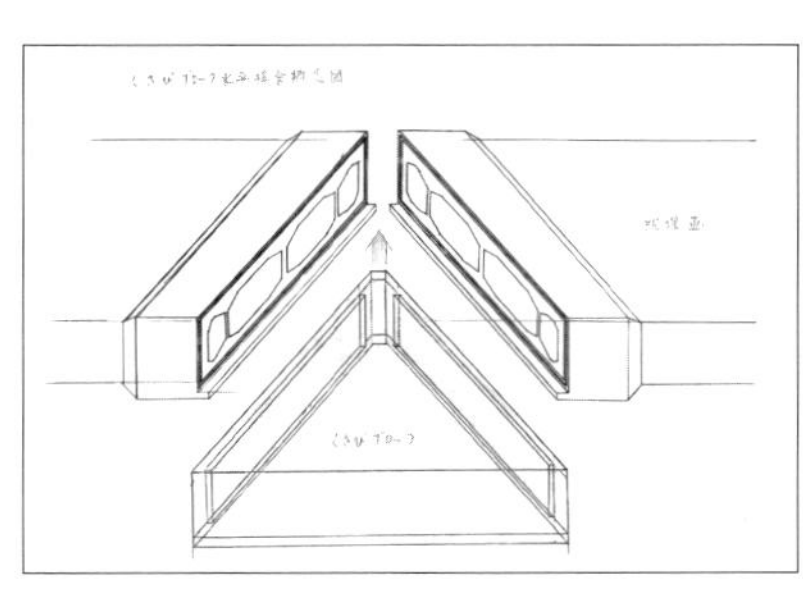

■Vブロック工法発案 その後のスケッチ

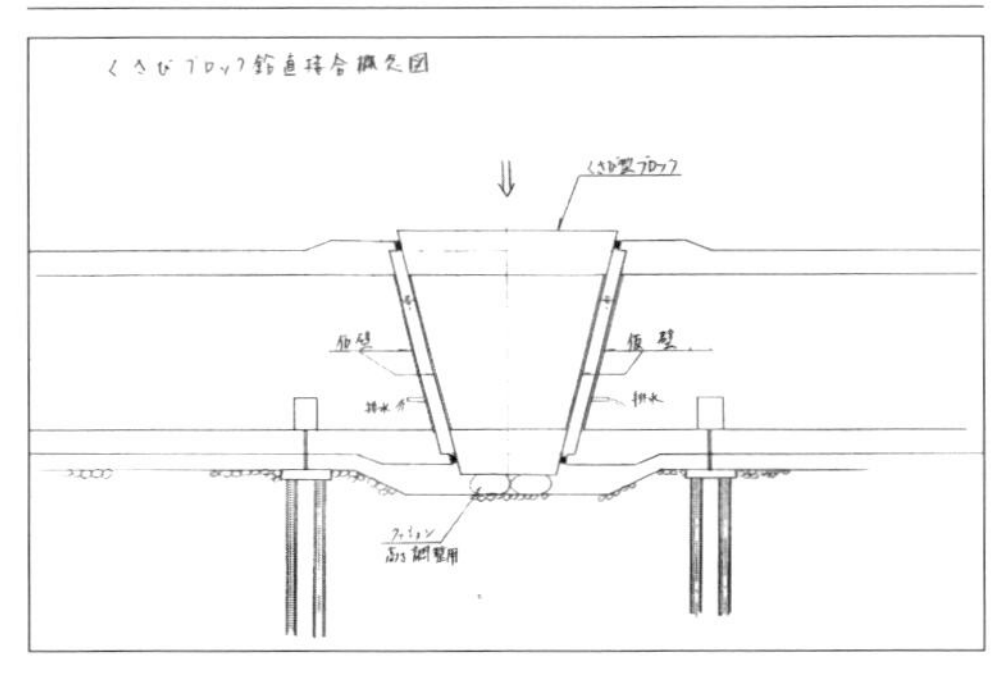

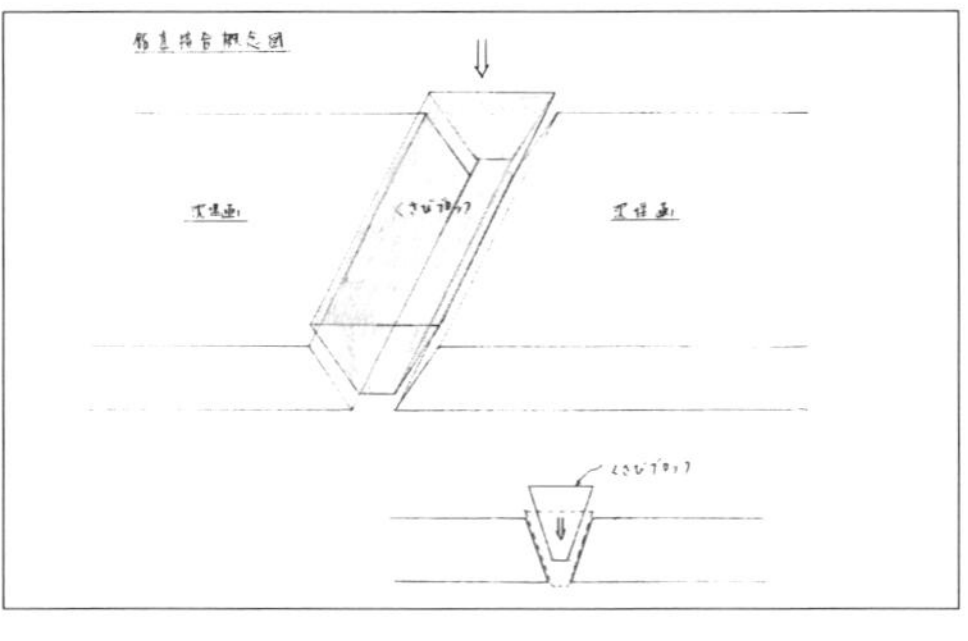

いるものがある。アーチの構造安定性を左右する重要な部材である。

Vブロック工法の原理もそれと同じで、四角い沈埋函を最後につなぐ最終継手部分をV字形にすれば、くさびを打ち込むように隙間を塞げると考えた。

ただし、当時のスケッチは、最終的に開発したVブロック工法とは大きく違う点がある。当初は、横から水平方向にVブロックを差し込もうとしたのだった。しかし、重さ2000トンを超える巨大なくさび形のブロックを、水中で横方向にスライドさせるのは現実的ではないと、ある時点で気づいた。むしろ、クレーンで吊って上から落とし込むほうが理にかなっている。そして、既設函との間には止水ゴムを施して、Vブロック内部の水を抜けば、まるで風呂の栓が水圧で押し込まれていくように接合できるだろうと考えた。

水圧接合に適したVブロック工法

Vブロックによる水圧接合の原理は、通常の沈埋函同士の水圧接合を応用したものである。通常の沈設時には、新たに沈めた沈埋函を、ジャッキを使って先に沈めた沈埋函に引き寄せて一次止水した後、接合部から排水すると新設函に水平方向の水圧が作用して水圧接合が行われる。

Vブロックも同じ流れだが、V形という独特の形状が、既設函などとの水圧接合で重要な意味を持つ。接合の際、ブロックの自重と、ブロックに作用する水圧を合理的に利用できる形状なのである。

Vブロックの施工では、Vブロックが入る間隔を空けて両側に2つの沈埋函を先行して沈設する。それらの端部には、受け入れるVブロックの形状に合わせて傾斜角を付けておく。Vブロックを起重機船（きじゅうきせん）（大型クレーン船）で接合箇所に吊り降ろすと、その自重で接合部の止水ゴムが圧縮され、2つの既設函と密着する。ここまでが一次止水である。

■沈埋函の水圧接合とVブロック工法の水圧接合のイメージ

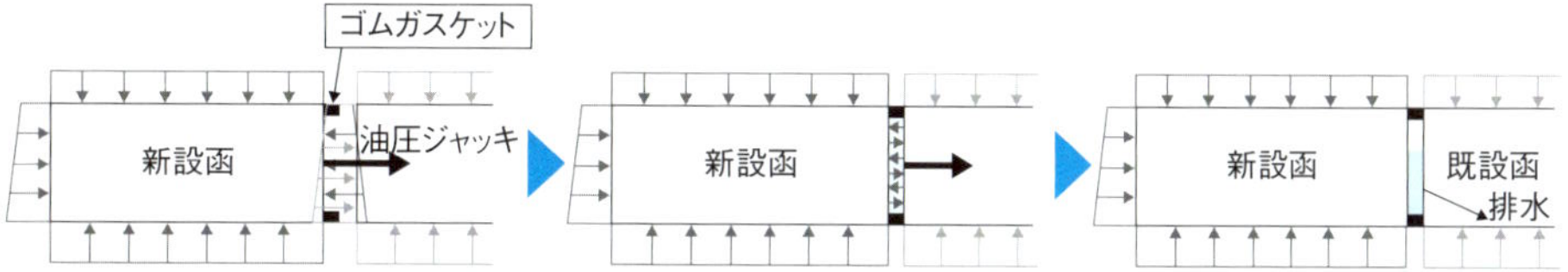

① 新設函をジャッキで引き寄せる。

② ゴムがつぶれると水の出入りが止まる。

③ 排水すると、新設函に水圧が作用し、既設函に押しつけられる。

沈埋函の水圧接合

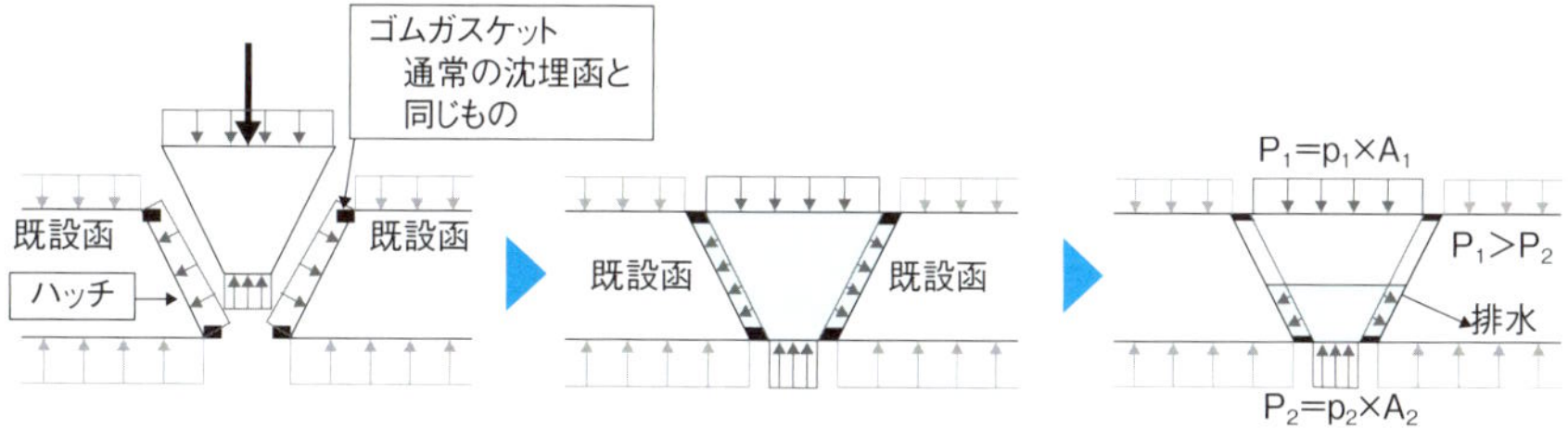

① くさび形のブロックを起重機船で吊り下げ。

② ブロックの自重でゴムがつぶれ、水の出入りが止まる。

③ 排水すると、上下の水圧差と自重により、ブロックが貫入する。

Vブロックの水圧接合

この時点で、Vブロックの周りに働く水圧を見てみると、その合理性がよくわかる。

まず、Vブロックを貫入させたことで、両側の既設函端部には水平（トンネル軸）方向に押される力、つまり圧縮力がかかる。また、Vブロックの内部にはまだ水が入っているので、水中でVブロックにかかる外水圧と、Vブロック内の水圧、そして止水ゴムの反力が、それぞれつり合った状態にある。

Vブロックの重量で圧縮された止水ゴムは、一定の止水効果を発揮する。その後、Vブロック内側の水を排水すると、結果として減圧され、つり合い上、外水圧によってVブロックを下向きに押し込む力が相対的に増し、止水ゴムはさらに圧縮されて水圧接合が完成する。

その形状の通り、Vブロックの上面は、下面よりも面積が広い。水圧接合の際、外水圧はVブロックの上下両面に作用するが、面積の違いから圧力差が生じる。その差は鉛直（えんちょく）方向下向きに作用し、既設函との接合部の密着性をより高める効果を発揮する。

水圧の働き方を追ってみると、水圧接合を利用する沈埋工法ならではの特性を、Vブロックは備えているのである。

排水によって水圧接合が完了して、Vブロックと既設函の内部から水がなくなったら、剛継手構造で一体化（剛結合）する。これがVブロック工法の仕組みである。

太平洋のうねりの中での工事経験が後ろ盾に

「くさび」というアイデアの種は、こうして「Vブロック工法」へと花開いた。しかし、まだ仕事は残っている。これを実際の沈埋トンネルとして実らせなければ机上の空論で終わってしまう。そこで最初の事例として大阪港咲洲（さきしま）トンネルでの採用を目指した。

とはいえ、何しろ相手は幅35・3m、高さ8・75m、重さ約2000トンにもなる構造物である。起重機船でVブロックを吊り降ろすとき、正確な位置に据え付けられるだろうか。まさにVブロックが貫入するというときに、波などで揺れて止水ゴムが破損する心配はないだろうか。止水ゴムと接触する部分はどのようなつくりにすればよいのか。そもそも誰も造ったことのないVブロックはどのような構造にすればよいのか――など、実際の施工に沿って考えてみると課題や不安は尽きなかった。

そのときに開発を後押ししてくれたのが、伊豆諸島・三宅島での海上工事と、川崎航路トンネルでの沈埋トンネル建設工事の経験だった。

三宅島は東京湾など湾内の水面とは全く異なり、水面がいつもうごめき、海の巨大なエネルギーを感じさせた。長周期の波による太平洋のうねりが容赦なく押し寄せてくる。東

■Vブロックの沈設

大型の起重機船でVブロックを吊り降ろして沈設する

京湾で製作した防波堤用ケーソン(函体)を三宅島まで浮遊えい航し、現地で据え付ける工事だった。約3000トンものケーソンが、うねりの中では上下左右に暴れて制御が極めて困難となり、えい航用のロープが切れてしまったことがある。暴れるケーソンを船で追いかけ、別のロープでケーソンを引っ張ることで、危うく座礁を免れた。一方、うねりがほとんどない日には、起重機船を使って根固めブロック(足元を補強するブロック)の据え付けなどを、精度良く安全に行うことが可能であった。

そのときの経験から、海洋構造物を施工する際に大切な2つの教訓を得た。1

つは、どんなに大型の構造物でも海に浮いている限り、波のうねりには逆えないこと。もう1つは、それとは逆に、うねりさえなければ、かなり正確に構造物を制御できることであった。

Vブロック工法の開発にも、この教訓が役立った。つまり、沈埋函を据え付ける場所の海象状況や、クレーンの大きさ、性能を踏まえれば、安全にVブロックを吊り降ろせると判断したのである。


また、川崎航路トンネルの工事で主に函体製作を担当し、沈埋函の大きさ、構造などの実用的な技術ノウハウを習得していたことも大いに活かされた。Vブロックは誰も造ったことのない構造物だったが、川崎での函体製作で得たノウハウを基に、その構造や造り方などを具体的にイメージできたのである。

私の中に蓄積されていたそうした下地が、Vブロック工法の開発を前進させる根拠と自信になったと思っている。

模型実験でVブロックの水圧接合を検証

Vブロックを止水ゴムが付いた2つの沈埋函に同時に密着させて、函体内部にある水を

■水圧接合基本原理確認用の装置断面

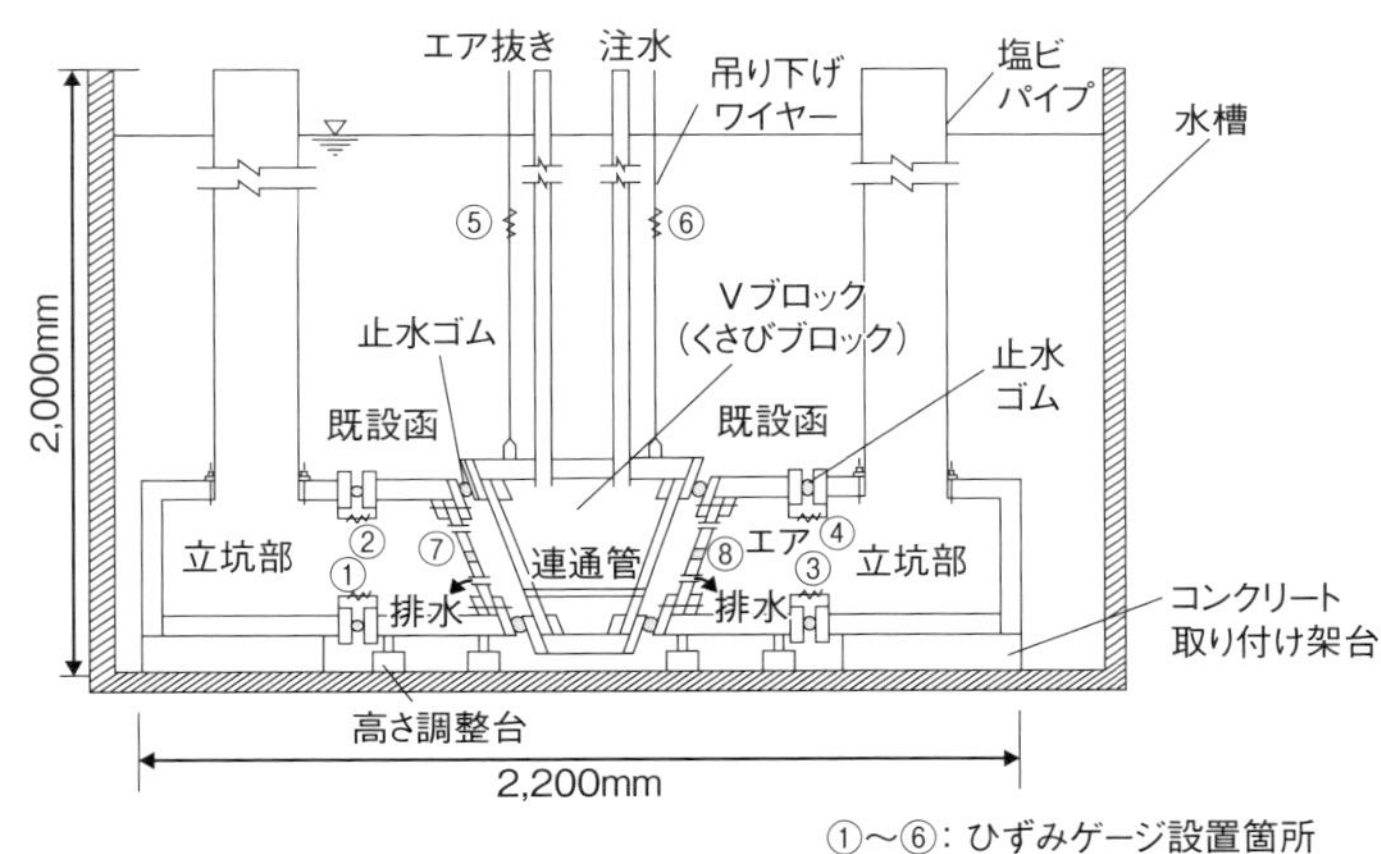

抜けば、水圧のバランスが取れてうまく接合できる――。理論的にも、そして計算上も、確かにできると確信していた。

しかし、全く前例のない工法であり、水中でどのような接合状況になるのかは確認できていない。Vブロック工法の原案の提案が社内で通って開発のゴーサインが出た後、まずは模型を使った基礎実験として、くさび形のVブロックを用いた水圧接合が本当に有効なのかどうか、水圧接合時にどのような力が作用するのかを確認することにした。その部分に変位が生じるかどうかも、ひずみゲージを用いて計測することにした。他にも、水圧計による水圧の変動も計測した。水槽の中に、Ｖブロックを沈めて水圧接合させて、計算によって想定した形になるかどうかを確かめた。

水圧接合時に発生する「摩擦抵抗」は要注意と判明

実験は思った通りにうまくいった。想定した理論通りであった。

一方、実験で初めて気づいたこともあった。Ｖブロックを挟む２つの既設函に取り付けた止水ゴムと、Ｖブロックとの間に発生する「摩擦」が、水圧接合の重要なポイントになることがわかった。

Ｖブロックは水圧接合時、止水ゴムを徐々に圧縮しながら滑るように貫入していく。Ｖブロックが既設函の間に貫入していく際、止水ゴムとの間に摩擦抵抗力が発生する。

止水ゴムの表面および接合面は摩擦低減処置を施しているが、少しの摩擦抵抗でもスムーズな水圧接合の弊害になりかねない。Ｖブロックの貫入が鈍って、両側の既設函を押し広げるトンネル軸方向の水平力が弱まってしまうことが懸念されるからである。Ｖブロックの水圧接合が、先行して設ける既設函同士、あるいは既設函と立坑間の可とう性継手に影響を与えてもいけない。

■移動沓（ストッパー）の役割

①Vブロックを沈設し、自重による貫入で止水を完成させる。このとき、既設函はVブロックからトンネル軸方向の圧縮力を受けている。
（一次止水）

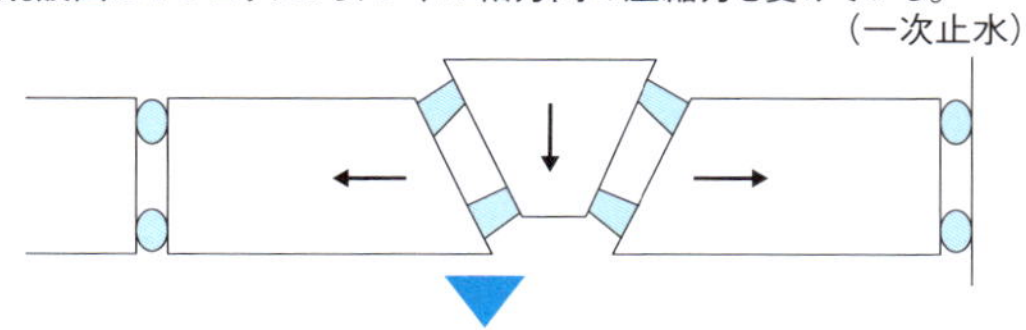

②Vブロック内の水圧を徐々に減じることにより、ゴムはさらに圧縮し、止水性を向上させる。このとき、既設函にかかっている圧縮力は減少するとともに、Vブロックはさらに貫入していく。（一次水圧接合）

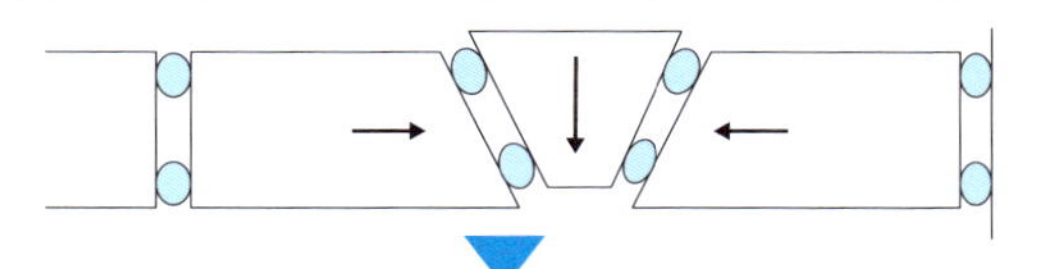

③既設函が受ける圧縮力が、Vブロック貫入前の水圧に等しくなった時点でVブロックと既設函との間にストッパー（沓）を設置する。
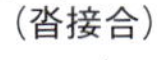
（沓接合）

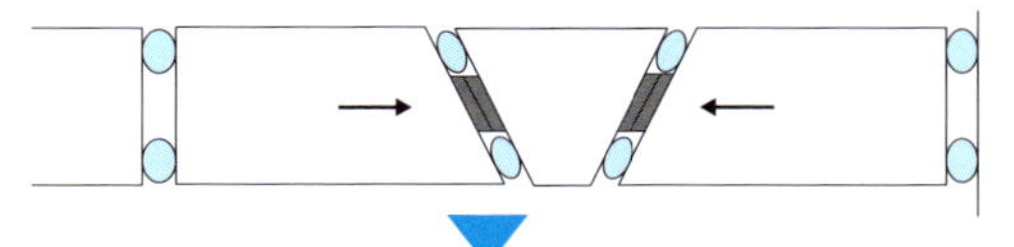

④Vブロック内の水を抜き、接合を完了させる。　（二次水圧接合）

そこで考えたのが「沓（しゅう）」と呼ぶストッパー機構である。水圧接合させる際、Ｖブロック内の水をすべて一気に排水するのをやめて、Ｖブロックが既設函を押す力が減り、水平力が沈設前より小さくなる手前で、既設函に設けた「沓」を押し出してＶブロックの貫入を止め、トンネル軸方向の力も固定することにした。

その後にVブロック内の排水を再開すれば、水平力を低減させずに水圧接合を完了できることが実験で確認できた。この「沓」は押し出しが可能な構造としたので「移動沓」と呼ぶこととした。

■沈設ガイドと微調整ガイドの構造

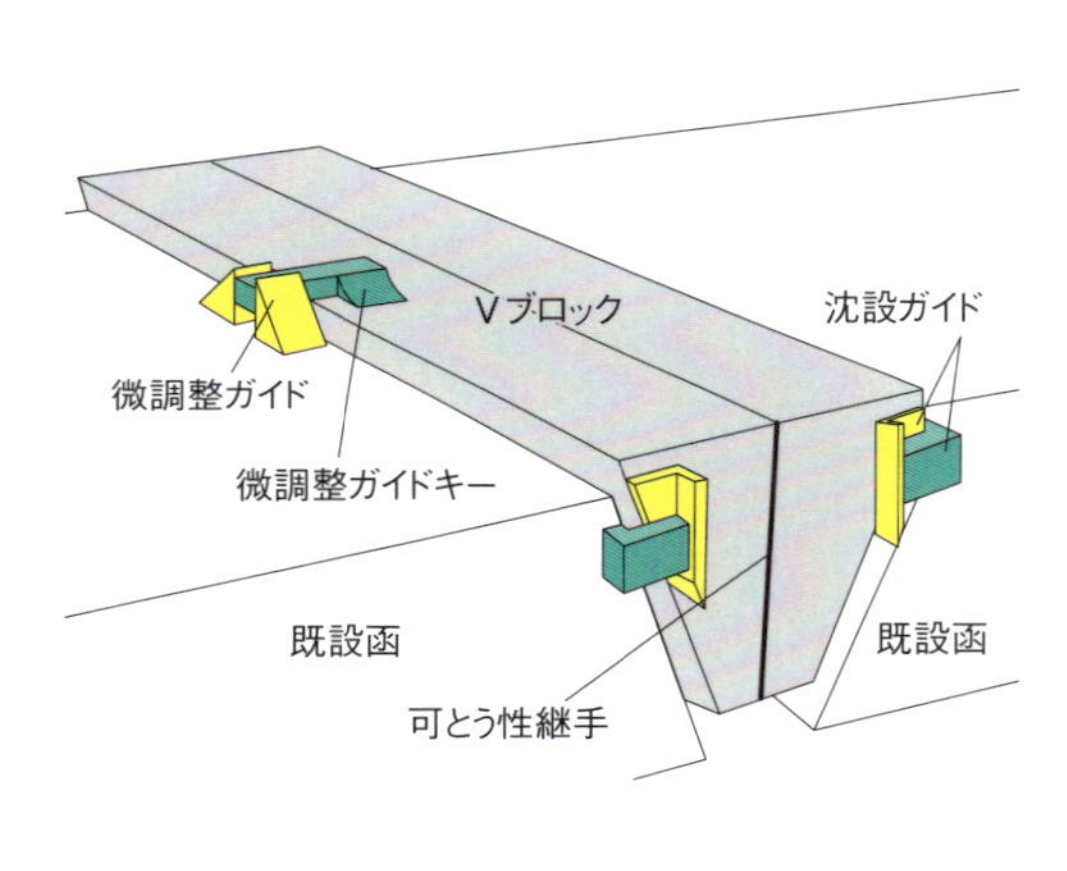

接合時の動きを調整する「沈設ガイド」

Vブロック工法の実用化を視野に入れ、さらに細かく現実的な検討を重ねた。

その1つが「**沈設ガイド**」である。沈設に際してVブロックと既設函の側面にガイドを取り付けておき、トンネル軸方向とトンネル軸直角方向の双方の動きを拘束して、位置がずれないようにする。さらに、Vブロック上面の「**微調整ガイドキー**」、既設函上面の「**微調整ガイド**」が、トンネル軸直角方向のずれを抑制するようにした。

Vブロック自体の構造は、基本的には当時の沈埋函で一般的になっていた鋼コンクリート合成構造(52ページ参照)を前提とした。Vブロックの鋼殻(こうかく)を工場で製作し、沈設現場近くの製作ヤードまで運搬した後、高流動コンクリートを打設して完成させる。Vブロックのトンネル軸方向の長さは、最終継手間隔の実測値に基づいて決める。このため、Vブロックの接合端面は本体とは分けてスライド調整できる構造とし、現地寸法に合わせて完成させることとした。

Close-up Vブロック工法の採用事例

大阪港咲洲トンネル（1997年開通）

実証実験を経てVブロック工法を初採用

社内で行った実験結果をまとめた技術資料と、実際の工事を想定した施工計画を携えて、沈埋トンネルを計画している全国の事業者へ説明に飛び回った。

こうした営業活動が実を結び、Vブロック工法が初めて採用されたのは「大阪港咲洲トンネル」（事業期間1989~97年）である。国内初の道路・鉄道併用トンネルで、全長は2421m。そのうち、両岸の換気立坑に挟まれた1025mが沈埋トンネル部である。トンネル断面は幅35・2m、高さ8・5m。長さ102・5mの沈埋函を10函つなげて水底トンネルを構築する。最終継手であるVブロックは、最終の10号函と9号函の間に収めた。

大阪港咲洲トンネルの最終継手は当初、従来工法の止水パネル工法（113ページ参照）で検討が進んでいた。しかし、Vブロック工法の提案を受けて事業者が検討した結果、実績がないにもかかわらず工法選定の候補に挙がった。

Vブロック工法が候補となった要因の1つには、施工現場の環境があったようだ。大阪湾の現場付近は水深が大きい上に、海底の透明度も低い。長時間の潜水作業を余儀なくされる従来工法は、作業員の安全面に対する心配を払拭できなかったと思われる。

発注者の方々は様々な検討をされていた。発注者からの質問には、開発者である私自身が直接説明に伺った。何度も何度も質問や意見・回答のキャッチボールを行った結果、当時、国が実施していたパイロット事業としてVブロック工法が選定されることとなった。

潜水士による危険作業をなくすなど、より安全で確実な最終継手工法の確立は、発注者にとって重要な課題の1つであり、Vブロック工法はそれに応える画期的な技術として受け入れられた。

■大阪港咲洲トンネルの位置図

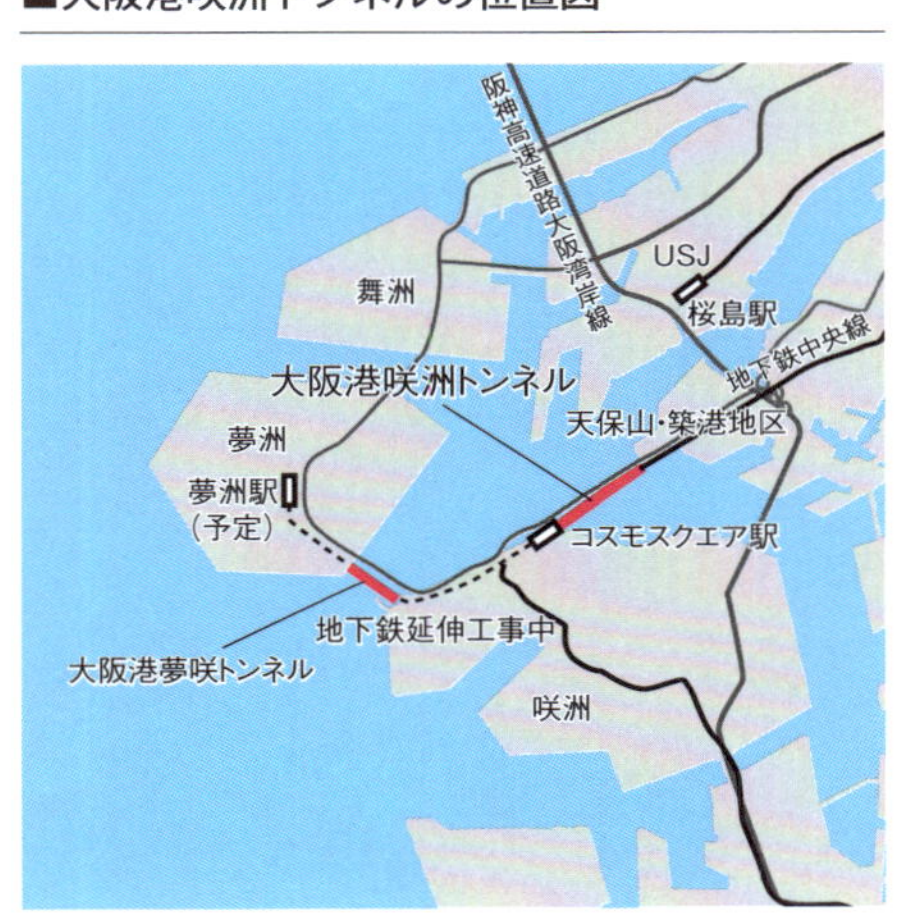

■大阪港咲洲トンネルの縦断面図

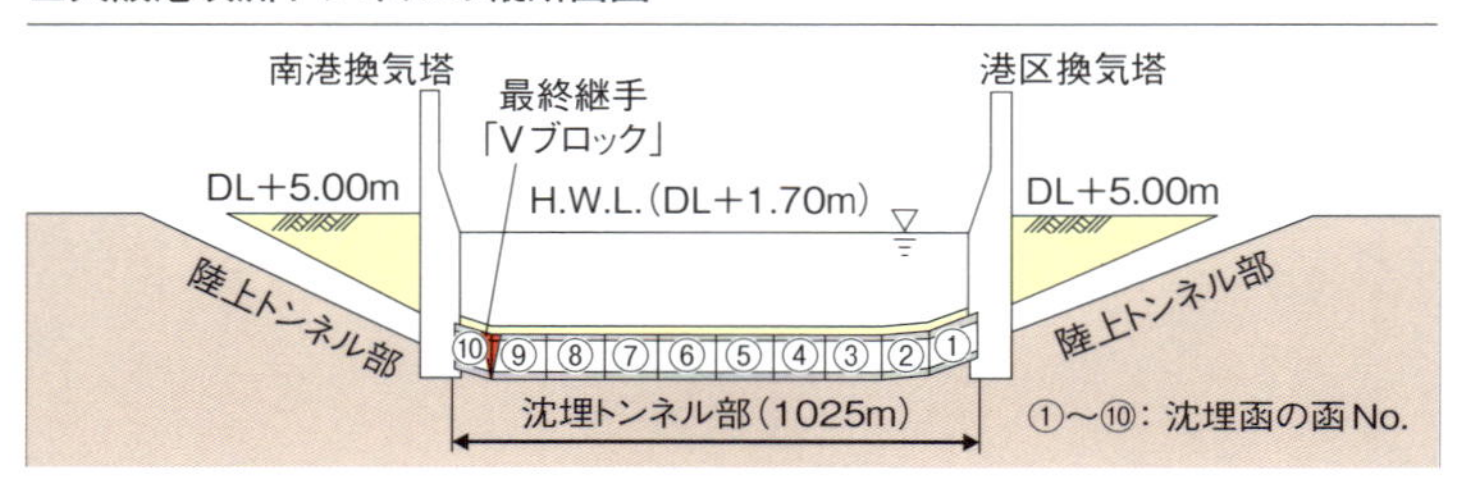

■大阪港咲洲トンネルの横断面図

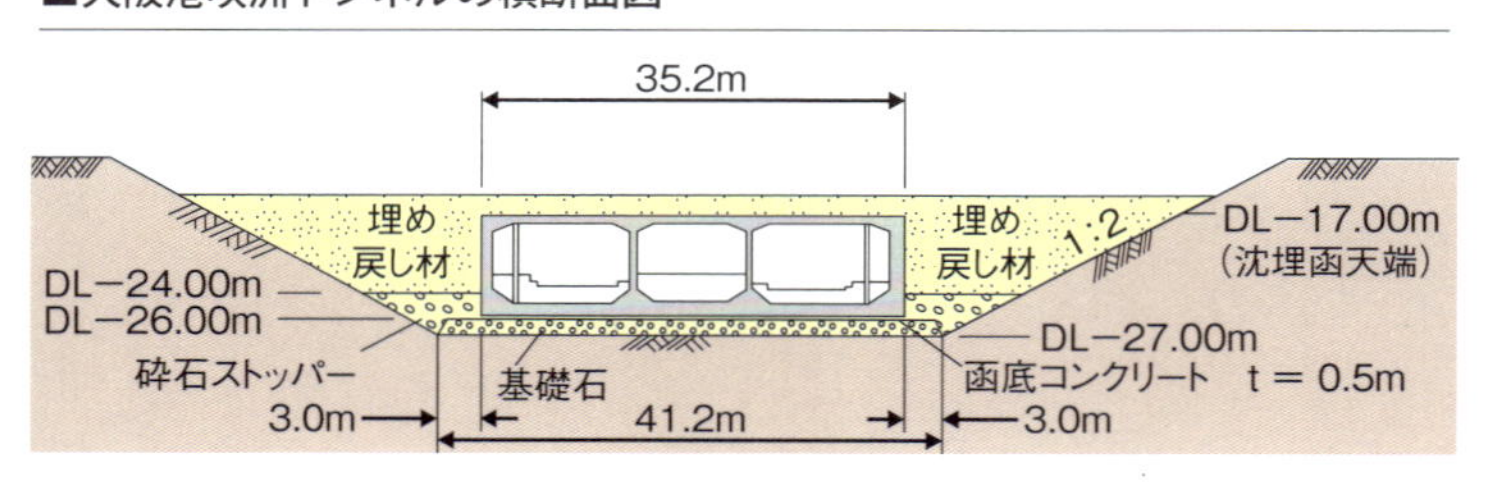

実施工に向けて4分の1模型で実証実験

Vブロック工法は前例のない新工法であることから、発注者である運輸省第三港湾建設局（当時）は、実際の4分の1の模型（幅8・8m、高さ2・125m、重量約50トン）による実証実験を行って接合原理と施工性を確認した上で、本採用するかどうかを決めることになった。

実証実験は、同局から社団法人日本埋立浚渫（しゅんせつ）協会（当時）に発注され、同協会の下で五洋建設が実務を担当した。また、「大阪南港トンネル技術検討委員会（長尾義三委員長）」が実験の指導に当たった。

実証実験の目的は大きく3つあった。1つ目は、最終継手部に貫入する際のVブロックの挙動が、施工誤差や接合端面の状況によってどのような影響を受けるかを把握すること。2つ目は、実際の施工は複数の作業段階を経るため、これらの作業の各段階において想定される力のつり合い関係や、Vブロックの挙動を確認すること。そして3つ目は、実際に発生し得る施工誤差が、水圧接合の理論にどのような影響を与えるかを調べることであった。

実証実験は、実際の施工プロセスを踏んで進めた。実験装置はVブロックを据え付ける既設函を模した水槽を作り、そこにVブロックの模型を沈設する形で実施した。施工誤差を検証する必要があるので、製作する模型の縮尺は、施工誤差を実際

■4分の1スケールで再現性を確認

運輸省第三港湾建設局（当時）の発注による実証実験の様子。基礎実験などを基に再現性を確認

に反映することが可能な4分の1に設定した。ゴムガスケットも同様のスケールになるが、硬さは実物と同じにした。実験では、Vブロック内の水圧、ゴムガスケットの圧縮量、Vブロックに作用する水平力、Vブロックの貫入量などを計測した。

要素実験などに基づく性能を確認

実験結果はおおむね良好であった。止水ゴムの摩擦係数は、作用する外力が最も大きくなる水圧接合完了時に、設計で想定している範囲内に収まることが確認できた。また、目視による観察で、止水ゴムに漏水、過度の圧縮などは見られず、良好な止水性を発揮することもわかった。施工の過程については、Vブロックの接合に至るまでの各段階で、力のつり合いやVブロックの挙動など、あらかじめ想定された状態を維持することが確認できた。

施工誤差については、誤差を伴う状態でVブロックを沈設させても、沈設ガイドによって適切にVブロックが誘導され、止水ゴムに悪影響をもたらすような接合状況とならずに施工できることが確認できた。実験は複数の条件で繰り返し実施し、全ケースで完全な止水を実現できた。

■最終継手部（Vブロック）の構造図

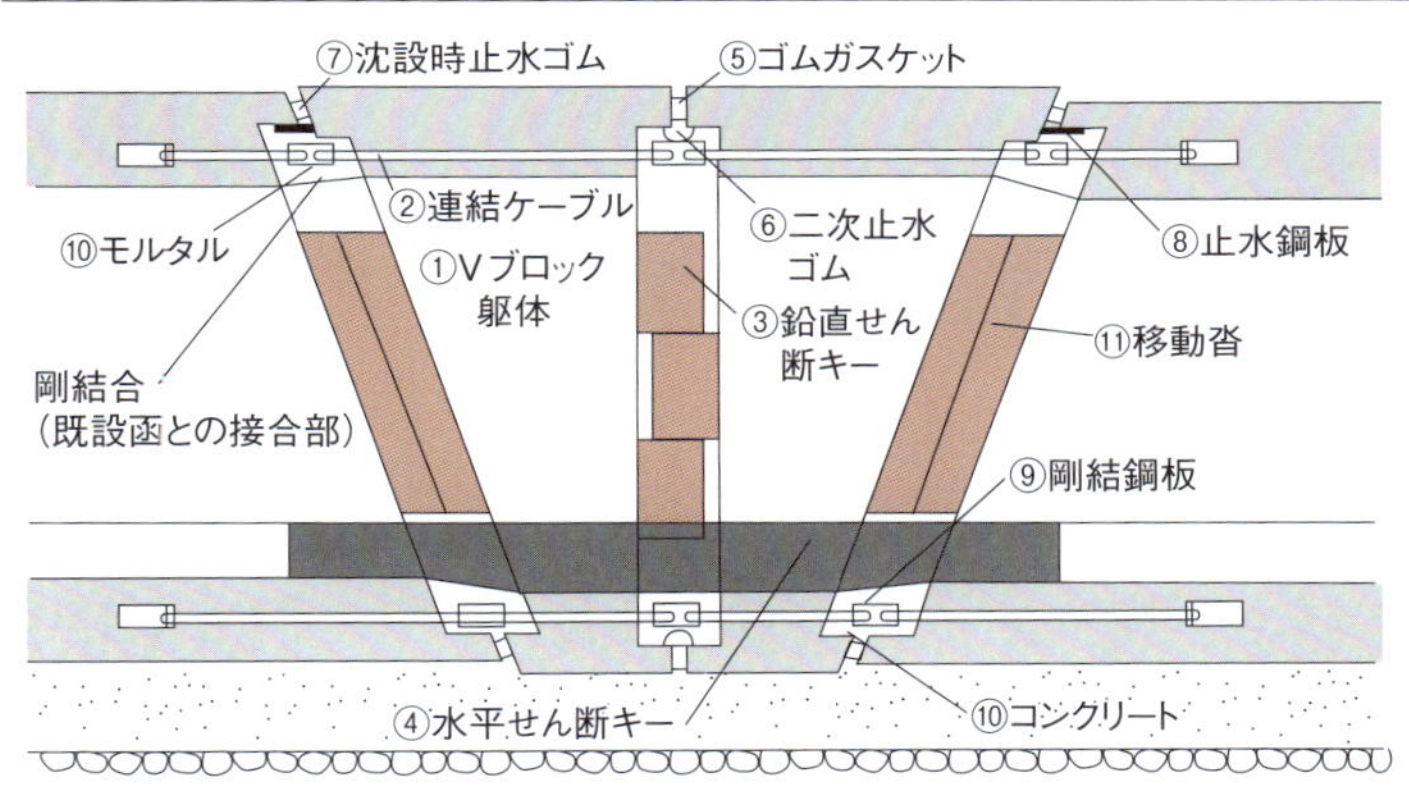

①Vブロック躯体
（完成後はトンネル本体構造）
②連結ケーブル
（軸方向引っ張り力の伝達）
③鉛直せん断キー
（鉛直方向ずれ力に抵抗）
④水平せん断キー
（水平方向ずれ力に抵抗）
⑤ゴムガスケット
（軸方向圧縮力の伝達、一次止水）
⑥二次止水ゴム
（二次止水）
⑦沈設時止水ゴム
（施工時の止水）
⑧止水鋼板
（完成時の止水）
⑨剛結鋼板
（せん断力に抵抗）
⑩コンクリート、モルタル
（軸方向圧縮力の伝達）
⑪移動沓
（施工時のVブロック貫入量制御、軸方向圧縮力の伝達）

最終継手にも求められた可とう性継手

こうした実証実験を経て大阪港咲洲トンネルは、Vブロック工法による初めての実施工に向けて動き出した。

ところで、肝心のVブロック本体はどんな構造にすべきか。Vブロックも、通常の沈埋函と同様、製作精度の確保がとても重要である。そのためには、両端部を鋼殻構造（51ページ参照）にする必要があるので、結果としてブロックのほぼ全体が鋼殻構造となった。しかし、鋼殻は比較的、軽い構造物なので、必要な重量を確保するために、鋼殻内部にコンクリートを充填する必要があった。となると、せっかくコンクリートを充填するならば、構造面でも有効に利用したほうがよい。そこで、Vブロックを鋼コンクリート合成構造（52ページ参照）のサンドイッチ構造とし、充填するコンクリートには高流動コンクリートを用いることになった。

あと1つ、最終継手部の話が残っている。

この沈埋トンネルで最終継手部に求められたのは、可とう性継手（73ページ参照）であった。当時、可とう性継手は一般化しつつあったが、言うまでもなくVブロック工法で用いられた前例はない。

検討していくと、他の継手部と同様の可とう性継手を、Vブロックの中央に組み込む必要があった。そこで、鋼殻は9号函側、10号函側の大きく2つのブロックに分けて製作し、ゴムガスケットと連結ケーブルを組み合わせた方式の可とう性継手を組み込む形で一体化してVブロックを仕上げた。

可とう性継手は、沈埋函の水圧接合時にゴムガスケットが圧縮された状態と等しくなるようゴムガスケットを圧縮しておき、沈設後の止水性や、必要とされるバネ特性を確保することとした。そのため、Vブロックを構成する2つの鋼殻は高流動コンクリートを打設した後、沈埋函の水圧接合に相当する約7000tf(トンフォース)の緊張力を与えて、ゴムガスケットを圧縮して一体化し、「仮結合」とした。

仮結合するための緊張には36本のPCケーブルを用いた。PCケーブルの緊張には300tfのセンターホールジャッキ18台を使用し、緊張時に変形が生じないようにバランスを取る形で施工した。Vブロックの沈設・接合後は、接合部を剛結合として両側それぞれの沈埋函と一体化し、Vブロック中央部が可とう性継手として残ることになる。

沈設ガイドと微調整ガイドで均等に着床

そして、いよいよ現場である。ついにVブロックを所定の海底に沈める日が訪れた。

起重機船からVブロックを吊り下げる作業は、後述の沈設計測システムを用いながら行った。起重機船の動揺や、潮流による水中でのVブロックの動揺に対して、位置決め用の2つのガイドを設置した(128ページ参照)。

ガイドは沈設の段階に応じて「沈設ガイド」と「微調整ガイド」の2つを使い分けた。「沈設ガイド」は、既設函とVブロックの側面に取り付けたものである。Vブロックを降下させていくと、それぞれに付けた沈設ガイドがかみ始め、トンネル軸方向とトンネル軸直角方向の動きを絞っていく。クリアランスは１００㎜とした。

さらに降下させると効き始めるのが「微調整ガイド」である。微調整ガイドは既設函の頂部に取りつけてあり、そこに降下していくＶブロック頂部の「微調整ガイドキー」がはまってトンネル軸直角方向のズレを調整する。こちらのクリアランスは15㎜とした。

Ｖブロックを既設函の止水ゴムの上に均等に着床させるために、Ｖブロック着底前の最終段階では、両側の既設函から微調整ジャッキを操作してＶブロックのトンネル軸方向のズレとねじれを微調整していった。

正確な沈設を実現する計測システムも開発

Ｖブロックの沈設に際しては、沈設計測システムを開発した。測量と計測を自動化し、集中管理を行えるようにした。陸上に自動追尾式光波位置計（トータルステーション）を設置し、Ｖブロックの基点位置を測量。併せて、Ｖブロックに搭載した小型ジャイロ（1秒間に物体がどれだけ角度を変えたかを測定するセンサー）で計測した方位や傾斜データによって、Ｖブロックの座標を正確にはじき出す。事前に登録したり、既設10号函の設置座標から求めたりした沈設位置を目標に、それ以降の位置のずれを三次元でグラフィック表示するシステムである。

■Vブロックの沈設時の沈設計測システムのイメージ

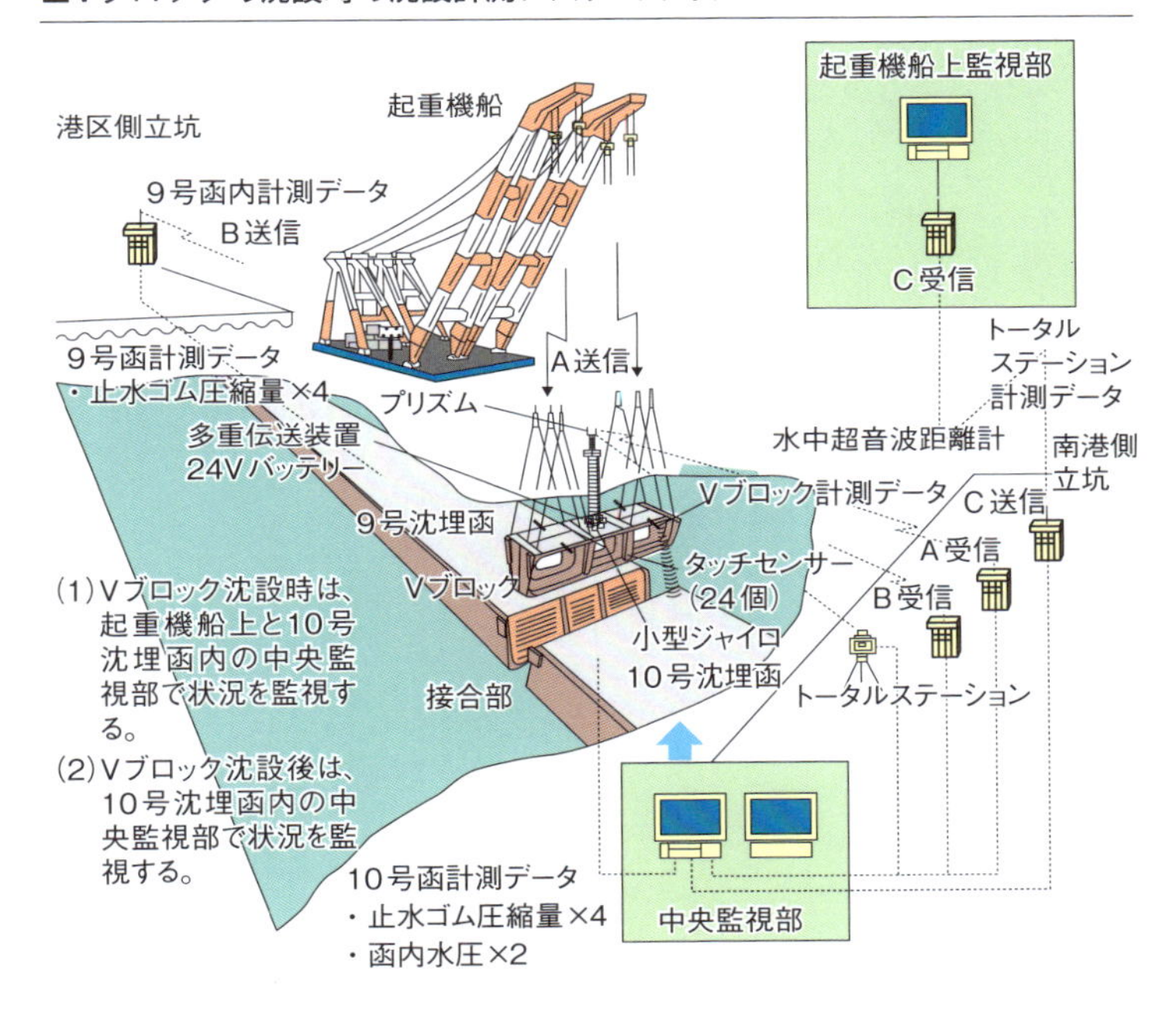

また、水圧接合時には、各種センサーを用いて移動沓の接触状況、止水ゴムの圧縮量、Vブロック内の水圧変動の状況をリアルタイムに表示し、経時変化を集中監視できるようにした。監視装置はVブロックを沈設する起重機船上と、作業を指揮する10号函内の中央監視部に設置した。Vブロックの沈設後は、10号函内の中央監視部で状況を監視した。

こうした沈設時の計測システムの開発によって、高い精度で施工していくことが可能になった。

沈設前日に訓練

製作場所から沈設場所までのVブロックの運搬は、沈設作業日の前々日に行った。重さが約２０００トンあるVブロックの運搬には３６００トン吊りの起重機船を利用した。起重機船はそのままVブロックの沈設に用いている。

沈設の前日には、沈設訓練を実施した。実際の沈設と同じ人員配置、機械設備によって、Vブロックを微調整ガイド上、１mの高さまで吊り降ろして本番に備えた。

施工当日は午前7時から作業を開始した。起重機船から吊り下ろしたVブロックは、午前10時58分に着底し、12時36分に一次止水を終えた。この日は、その後、吊り具の開放を1時間ほどかけて行った。

翌日は、午前7時から一次水圧接合を開始し、その後、移動沓接合を始めた。午前8時に沓接合を終え、沓内のモルタル注入を午前9時までに済ませた。二次水圧接合を始めたのはその3日後の朝である。その後、既設函と剛接合するための作業を実施している。

■大阪港咲洲トンネルにおけるVブロックの水圧接合プロセス

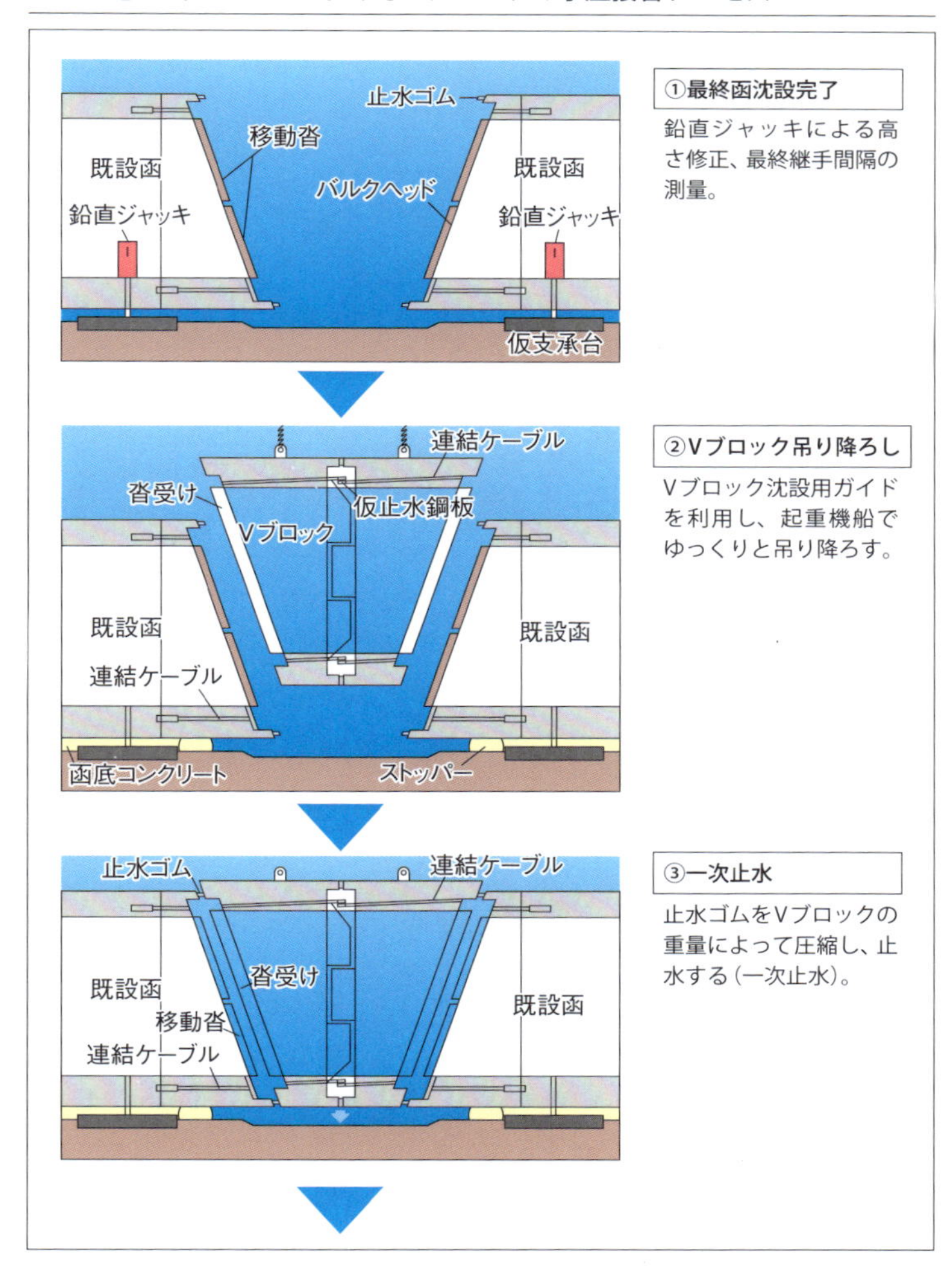

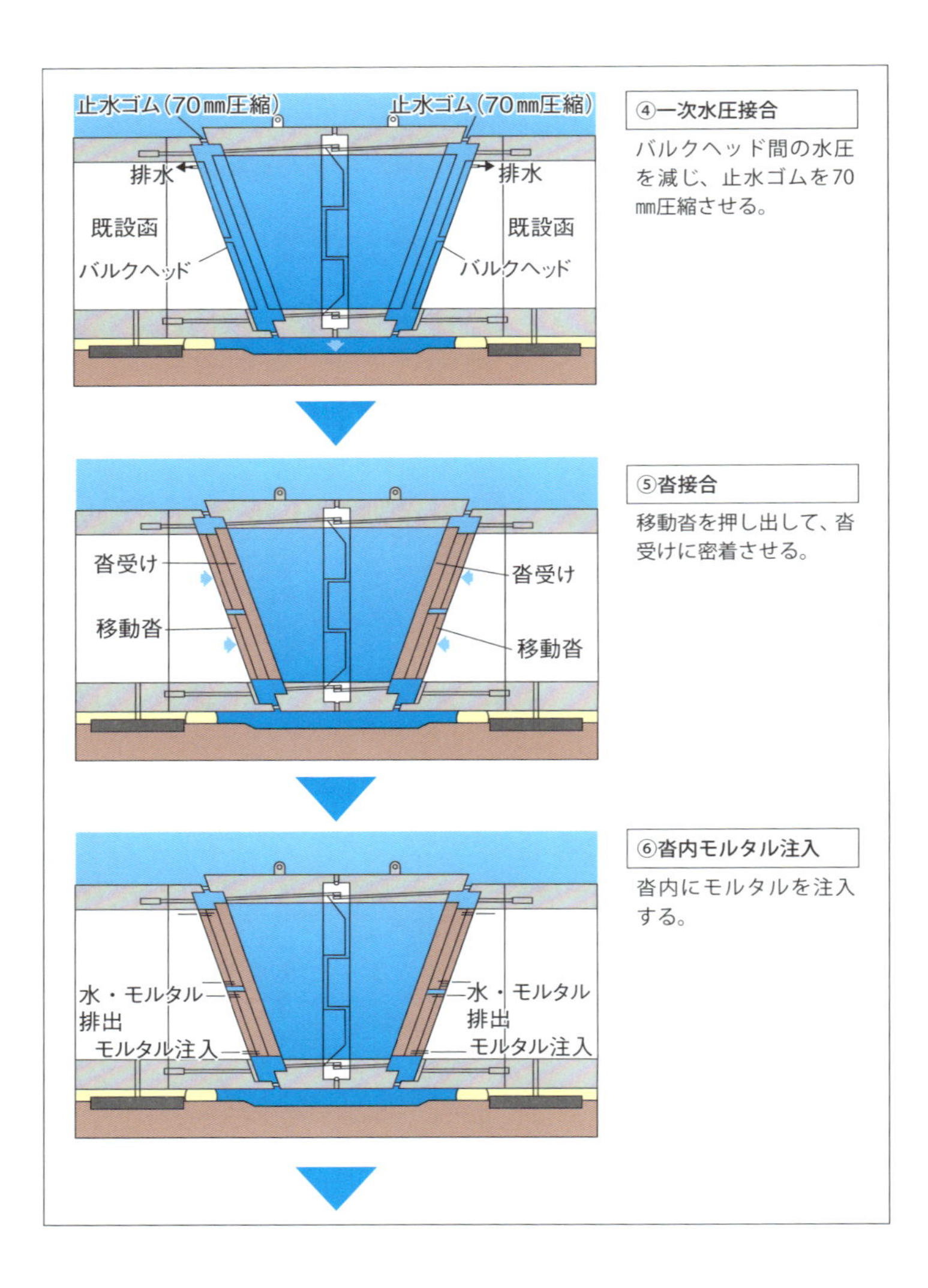
止水ゴム(70㎜圧縮)
止水ゴム(70㎜圧縮)
排水
排水
既設函
既設函
バルクヘッド
バルクヘッド
④一次水圧接合
バルクヘッド間の水圧を減じ、止水ゴムを70㎜圧縮させる。
沓受け
沓受け
移動沓
移動沓
⑤沓接合
移動沓を押し出して、沓受けに密着させる。
水・モルタル排出
水・モルタル排出
モルタル注入
モルタル注入
⑥沓内モルタル注入
沓内にモルタルを注入する。

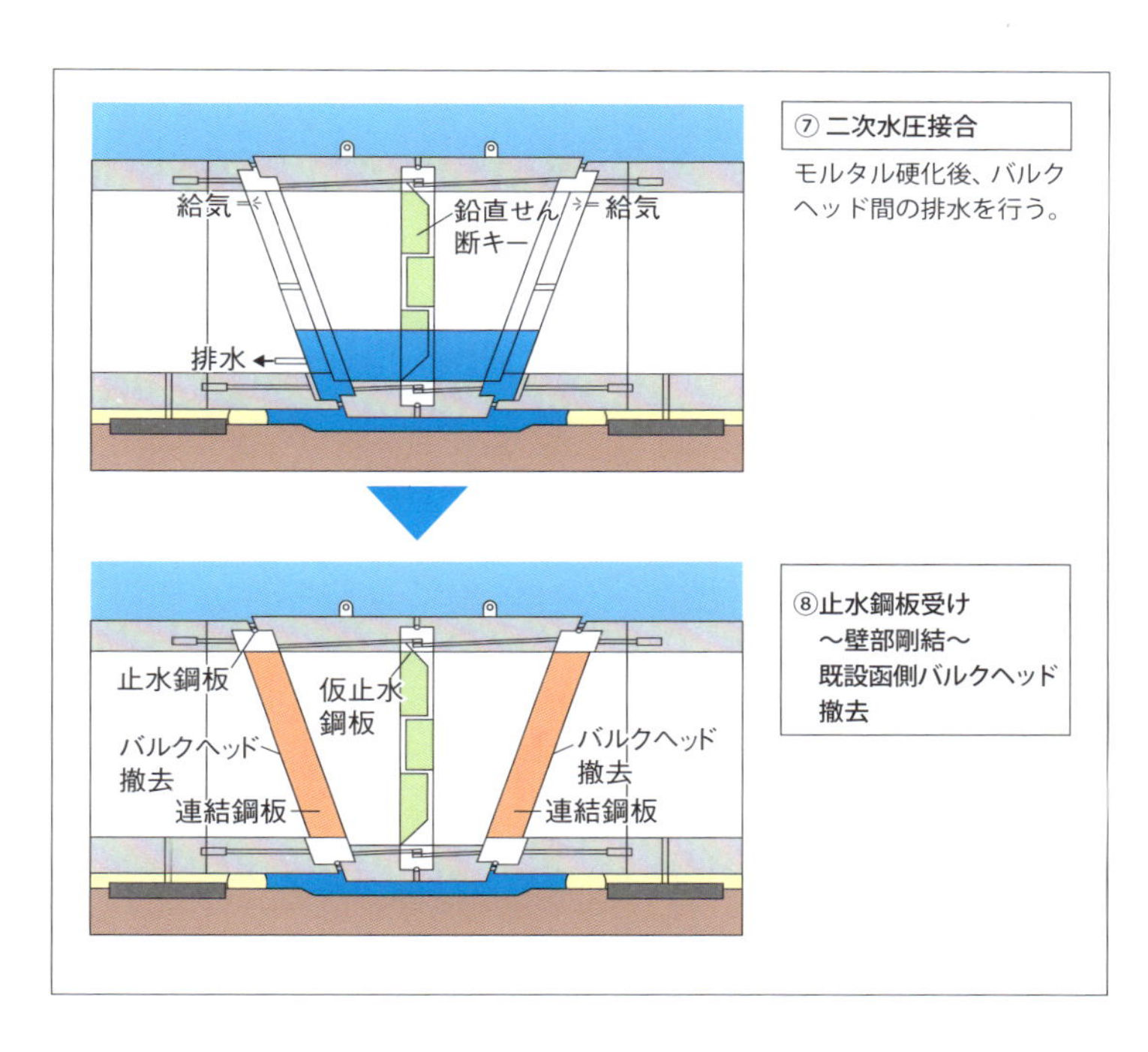

大阪港咲洲トンネルでVブロックの据え付け工事が実施されたのは1995年の夏であった。据え付け開始時、私は起重機船の操作室にいた。新工法による初めての据え付け作業で皆、緊張していた。一次止水のための最終降下の指令は、開発者の私に委ねられた。約2000トンのVブロックを止水ゴムの上に斜めに滑らせながら載せる。

事前に入念に備えた安全対策はすべて完全に機能し、±15㎜の精度で据え付けを完了した。その後、止水ゴムで閉じられたVブロック内の水を排出して、水圧を利用した接合作業も無事完了した。前例のないVブロック工法による海底トンネルが、無事に1本につながった瞬間だった。幸いにも、この大阪港咲洲トンネルの実績が評価され、１９９８年には土木学会技術開発賞を受賞することができた。

最後に、Vブロック工法の命名の裏話をしておこう。この工法は基礎実験の頃までは「くさびブロック工法」と呼んでいた。ある日、実験現場で電話をしていた所員が「Vブロック」と口にしたのを耳にした瞬間、「これだ！」と思い、そのまま拝借した。

「Vブロック工法」はその後、神戸港港島トンネルや愛知県の新・衣浦海底トンネルでも採用され実績を積み重ねた。なお、神戸・衣浦の両トンネルでは特殊な塗装により止水ゴムの摩擦係数を大幅に低減させることが可能になり、移動沓は不要になった。

第五章

最終継手の革命児「キーエレメント工法」

前章でVブロック工法について知るうちに、その〝発展形〟が頭の片隅をかすめた読者がいるかもしれない。わざわざ最終継手として特別なVブロックを造るよりも、最後に沈設する最終沈埋函の両端に傾斜をつけて、最終継手を兼ねる方がシンプルなのではないかと――。

そう思った読者がいたらお見事、ご明察である。

実は、着想の順番で言うと、そのアイデアのほうがVブロックよりも先にあった。最初に思いついたのは、最終沈埋函の両端に傾斜をつける案だった。後に「**キーエレメント工法**」として開発されることになるアイデアの卵である。これなら最終継手を使わずに沈埋トンネルを築くことが可能で、非常に合理的だと思った。

しかし、その案はいったん胸の内にしまい込んだ。なぜなら実現のハードルが高過ぎると思ったからである。沈埋函の長さは通常100mくらいある。最終継手の代わりとなる両端の傾斜部分が100mも離れたところにあるとして、どうやって沈設時に双方の設置誤差を吸収するのか。その時点ではまだ水圧接合の具体的なイメージがあったわけではないので、アイデアを実用化につなげるのは不可能だと考えた。

そこで、アイデアを練り直し、現実的な方法としてくさび形のブロックを使うVブロック工法を考案した。通常は100mくらいある沈埋函を、ギュッと短くしてV字に近い形

■キーエレメント工法の概念図

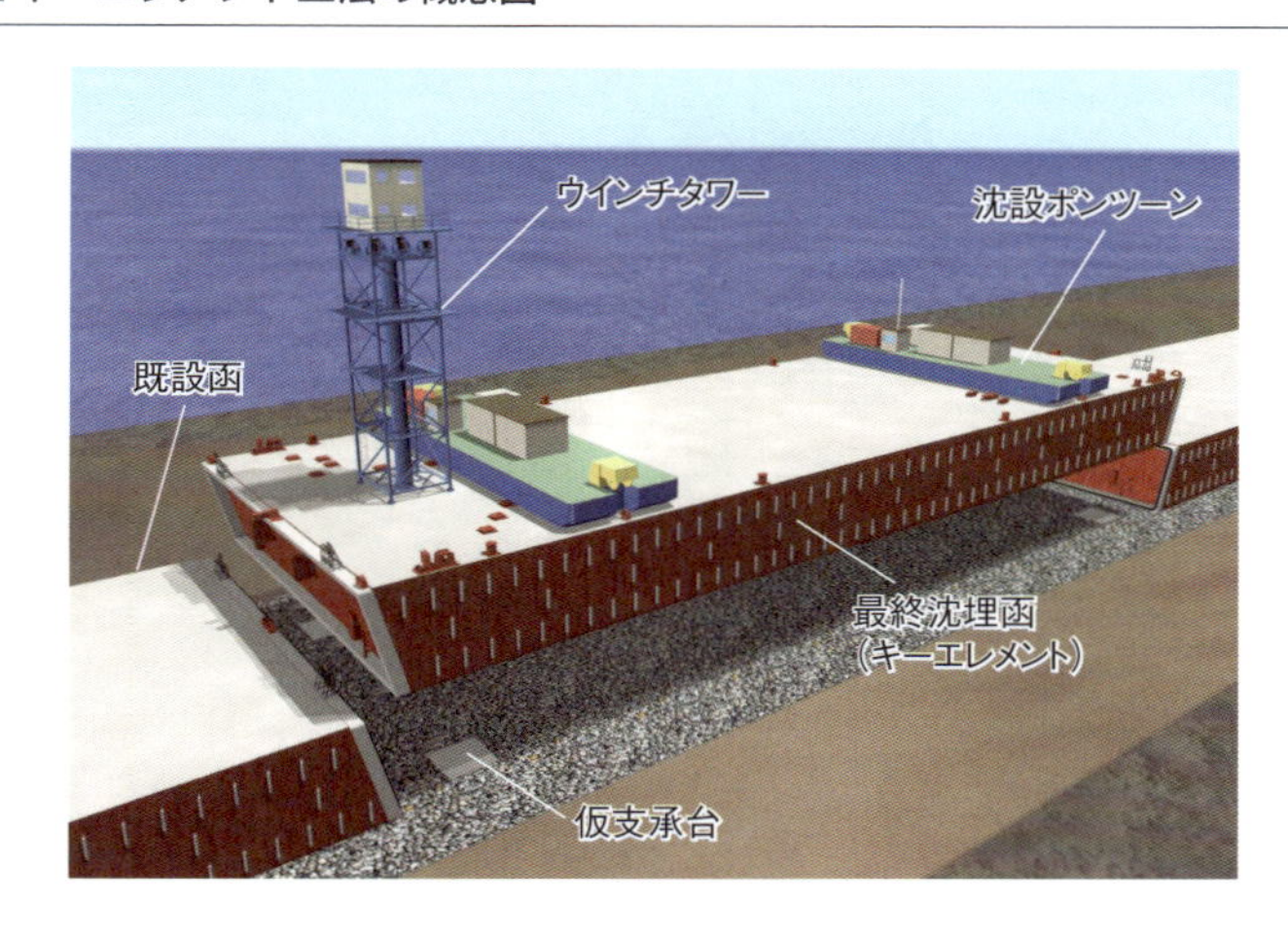

にした。第四章の冒頭で紹介した初期のスケッチは、そのときに描いたものである。

“最終継手なし”で工期や施工コストを大幅減

着想はキーエレメント工法の方が先だが、開発と実用化はVブロック工法が先行した。そのため、キーエレメント工法は、Vブロック工法の知見を活かして開発されている。

キーエレメントとは、この工法で用いる最終沈埋函のことである。前述の通り、他の中間沈埋函と同様の長さがある函体だが、両端にはVブロックと同じように傾斜がある。傾斜角は鉛直（えんちょく）に対して15度である。真横から見ると「等脚台形」を逆さまにした形をしている。鍵（キー）となる函体（エレメント）であり、この函体を、他の中間沈埋函と区別して「キーエレメント」と呼んだことから、この工法を「キーエレメント工法」と名づけた。

キーエレメント工法にはいろいろな面で合理性がある。最終継手の機能を備えたキーエレメントは、トンネル中間部にある他の沈埋函と同じ機材・設備を使って連続的に施工できる。Vブロック工法など従来の工法と違って、最終継手のための構造物を製作・施工する必要がなく、沈設工程での潜水作業もほぼ不要になる。トンネル中間部の沈埋函と同じ沈設設備で施工できるのは大きなメリットである。いわば〝最終継手なし〟なので、その分だけ工期短縮や施工コスト削減の効果も見込める。

「那覇がなかったら生まれていないかもしれない」

着想時はハードルが高いと思ったキーエレメント工法だが、実際にはVブロック工法のすぐ後を追うように開発が始まった。Vブロック工法を開発する一方で、沈埋函の構造は鋼コンクリート合成のフルサンドイッチ構造（52ページを参照）に変わり、建設地の近くでコンクリートを浮遊打設できるようになった。そうした状況とほぼ並行する形でキーエレメント工法の開発に着手した。Vブロック工法を初めて採用した「大阪港咲洲トンネル」（事業期間1989〜97年）をはじめ、それに続いた「神戸港港島トンネル」（同1992〜99年）や「新・衣浦海底トンネル」（同1996〜2003年）もまだ事業中で、開通していない時期だった。

具体的には、1997年に事業着手した「那覇うみそらトンネル」（2011年開通）が、キーエレメント工法開発の契機となった。沈埋トンネルを造る上で、沖縄には特殊な事情がある。函体を製作できるドライドック（臨海部の製作ヤード）が存在しないのである。新たにドライドックを建設しようとしても、サンゴが混じった独特の地盤で適地を確保するのは難しい。

那覇うみそらトンネルは那覇空港の直近に位置し、仮設の施工ヤードなどの確保も大きな制約を受けた。しかし、その頃までに沈埋函のフルサンドイッチ構造が実用化され、コンクリートを水上で浮遊打設できるようになった。それによってドライドックのない沖縄でも沈埋トンネルの

■那覇うみそらトンネルの沈埋函係留および製作位置

建設が可能になり、計画段階では最終継手としてＶブロック工法も候補に挙がっていた。
しかし、那覇うみそらトンネルではＶブロック工法は採用されなかった。理由は、那覇空港があることによる制約だった。空港周辺エリアには、航空法による高さ制限が設けられている。そのことを考慮すると、Ｖブロック工法で使う起重機船（大型クレーン船）による作業は困難だった。沖縄は台風が猛威を振るう地域だという点も、大型の起重機船が必要なＶブロック工法の採用に二の足を踏ませた大きな理由だった。

そこで、通常の沈埋函と同様の沈設設備で施工できる工法として、Ｖブロック工法を発展させた新工法を急いで開発する必要に迫られた。お蔵入りしていたキーエレメント工法のアイデアが、にわかに日の目を見ることになったのである。

見方を変えれば、空港の直近という制約がなかったらキーエレメント工法は生まれていなかったかもしれない。Ｖブロック工法で対応できる条件がそろっていれば、キーエレメント工法に目を向けることなく、そのまま採用される可能性があったと思う。

Ｖブロック工法が受ける制約を乗り越える

同じ理由でＶブロック工法が候補から外れた事例は、それ以前にもあった。「東京港臨海

■Vブロック工法とキーエレメント工法の比較

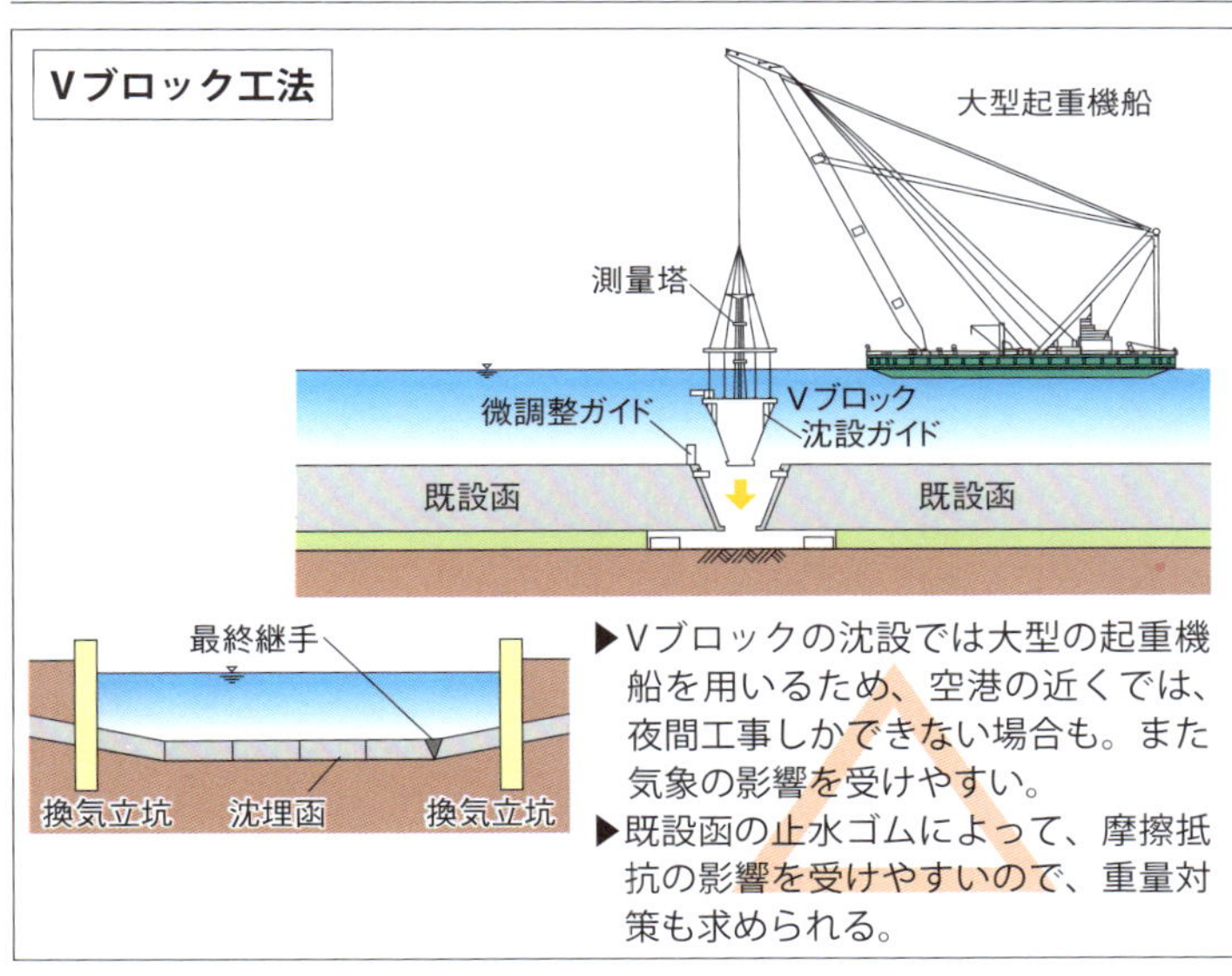
Vブロック工法
大型起重機船
測量塔
微調整ガイド
Vブロック
沈設ガイド
既設函
既設函
最終継手
換気立坑
沈埋函
換気立坑
▶Vブロックの沈設では大型の起重機船を用いるため、空港の近くでは、夜間工事しかできない場合も。また気象の影響を受けやすい。
▶既設函の止水ゴムによって、摩擦抵抗の影響を受けやすいので、重量対策も求められる。

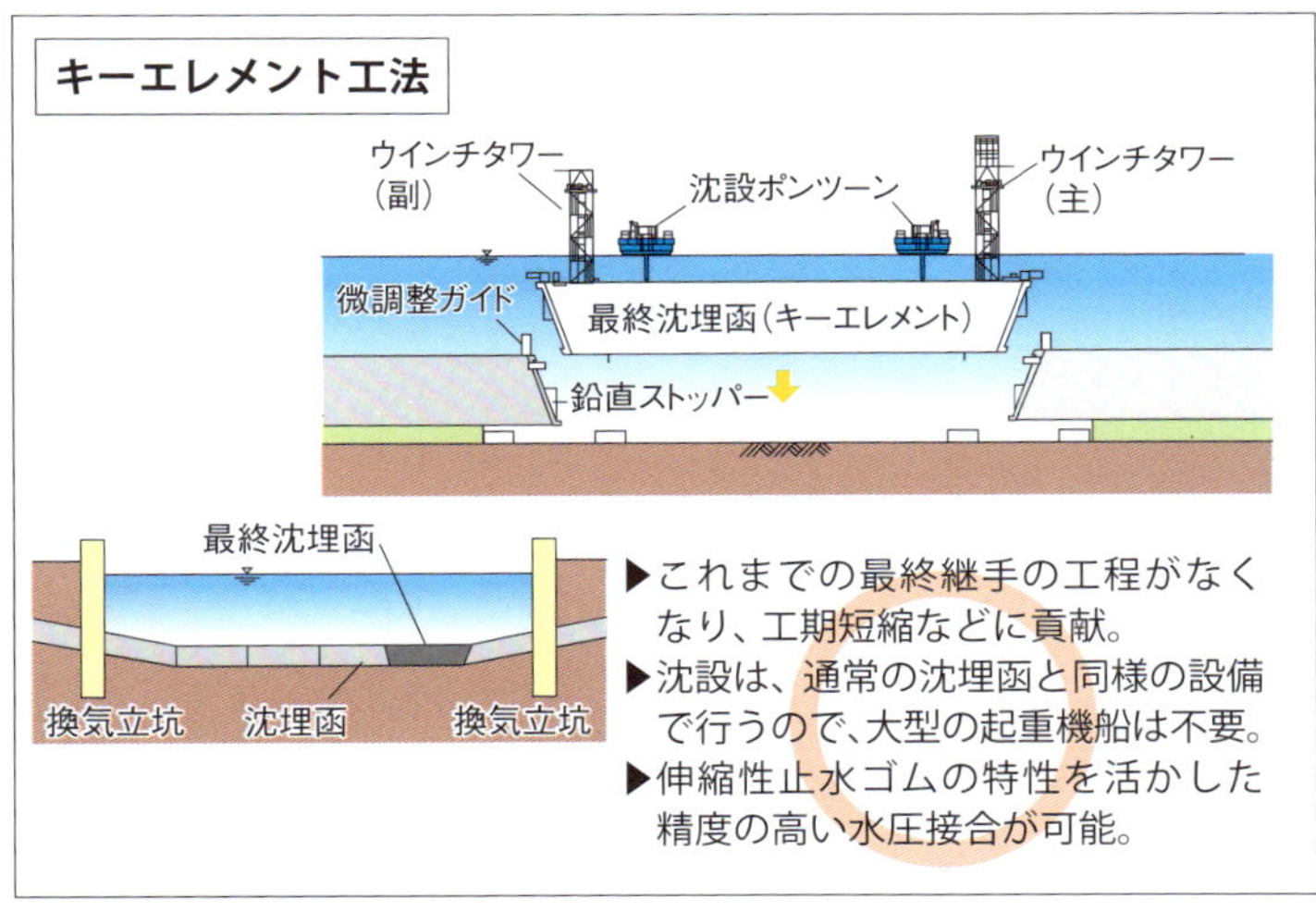
キーエレメント工法
ウインチタワー
(副)
沈設ポンツーン
ウインチタワー
(主)
微調整ガイド
最終沈埋函(キーエレメント)
鉛直ストッパー
最終沈埋函
換気立坑
沈埋函
換気立坑
▶これまでの最終継手の工程がなくなり、工期短縮などに貢献。
▶沈設は、通常の沈埋函と同様の設備で行うので、大型の起重機船は不要。
▶伸縮性止水ゴムの特性を活かした精度の高い水圧接合が可能。

トンネル」（事業期間1993〜2002年）である。Vブロック工法が初めて採用された「大阪港咲洲トンネル」（同1989〜97年）とほぼ並行して建設が進んでいたプロジェクトである。

現地周辺は羽田空港の高さ制限がかかることから、大型の起重機船を用いて工事ができるのは飛行機の飛ばない夜間の短時間に限られた。このためVブロック工法はリスクが高くて難しいという判断に至った。

つまり、那覇うみそらトンネルや東京港臨海トンネルのように、直近に空港などがあり、高さ制限がかかるエリアでは、背の高い大型の起重機船を使うVブロック工法の採用は大きく制約を受けてしまうのである。

そこで那覇うみそらトンネルでは、Vブロック工法の水圧接合を活かしながら高さの制約を受けない方法として、キーエレメント工法の開発・導入への期待が高まった。

沈埋函自体に最終継手機能を付与

ここでキーエレメント工法の基本的な仕組みを見てみよう。

函体の構造や既設函との接合原理、沈設工程の基本的な流れも、Vブロック工法と同じである。函体は、鋼コンクリート合成構造が主流で、鋼殻（こうかく）をドライドックで製作し、沈設現場近くの製作ヤードにえい航し、高流動コンクリートを打設して函体を構築する。沈設用ポンツーン（自航能力のない作業台船）などで接合箇所に吊り降ろし、函体の自重と、函体上下面それぞれの面積の違いから生じる圧力差（上下面それぞれが受ける水圧の差）を利用して、水圧接合を完成させる。Vブロック工法との大きな違いは、函体内部にバラストタンクを備えていることである。バラストとして海水を出したり入れたりして函体の重さをコントロールできる。

キーエレメントと既設函との接合部は、剛結合となる。Vブロックと同じく、キーエレメント自体もしくは接合する既設函に可とう性継手を内蔵することも可能である。

沈設時の位置決めに関する仕組みも、Vブロック工法と共通している。吊り降ろす際に、既設函側に取り付けた「微調整ガイド」とキーエレメント側の「微調整ガイドキー」がかみ合って、トンネル軸に対して直角方向の動きを拘束する。キーエレメント端部の「軸方向ガイド」は、トンネル軸方向の動きを拘束する。

また「鉛直ストッパー」と「鉛直ストッパー受け」は、水圧接合による函体の貫入（鉛直方向の動き）を適切な範囲にとどめる。キーエレメントには「支承ジャッキ」と「押し出しジャッキ」を内蔵しており、ジャッキロッドの伸縮によって、沈設時にそれぞれ鉛直方向とトンネル軸方向の位置を調整する。

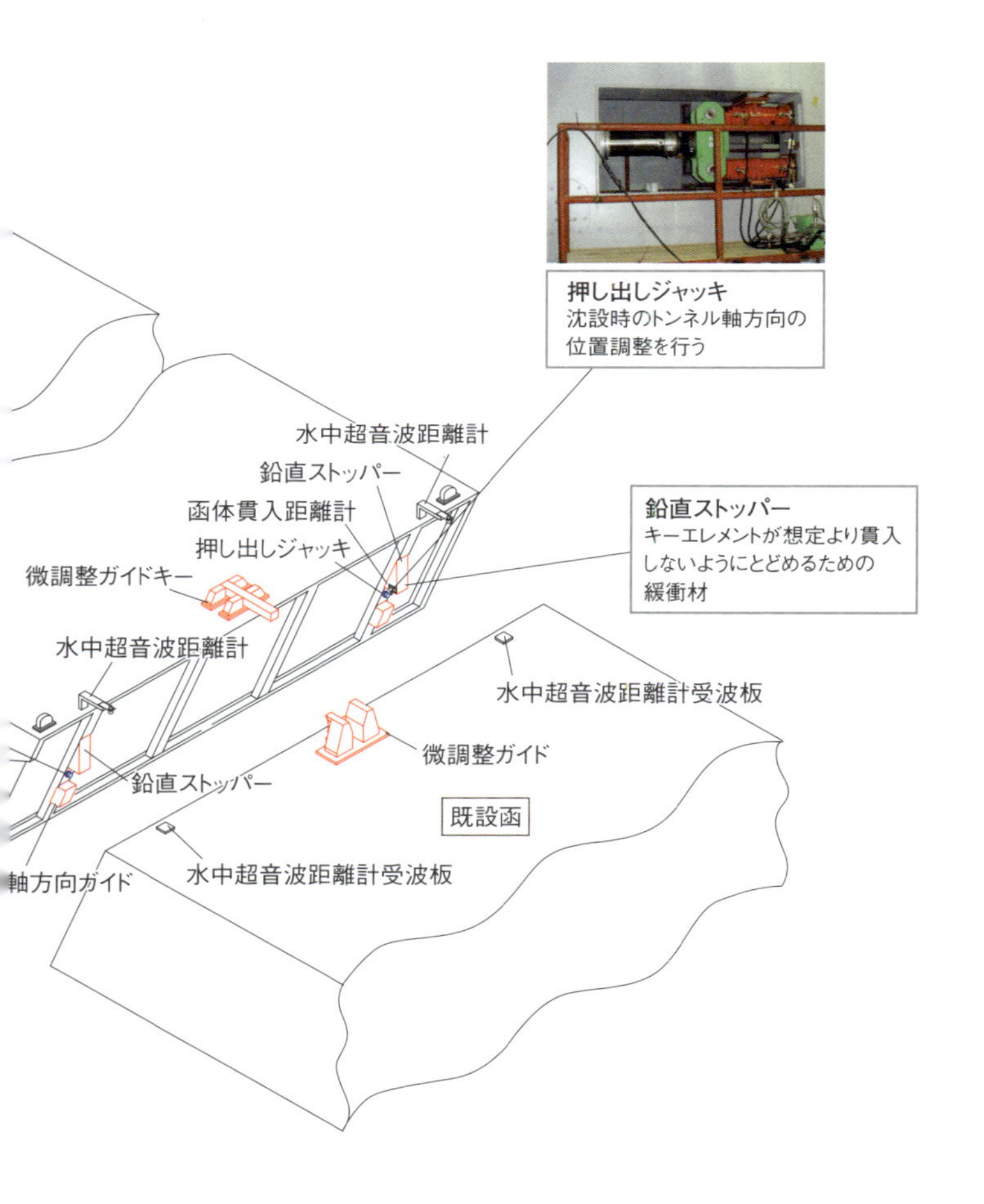

押し出しジャッキ
沈設時のトンネル軸方向の
位置調整を行う
水中超音波距離計
鉛直ストッパー
函体貫入距離計
押し出しジャッキ
鉛直ストッパー
キーエレメントが想定より貫入
しないようにとどめるための
緩衝材
微調整ガイドキー
水中超音波距離計
水中超音波距離計受波板
微調整ガイド
鉛直ストッパー
既設函
軸方向ガイド
水中超音波距離計受波板

■キーエレメントの主たる艤装品

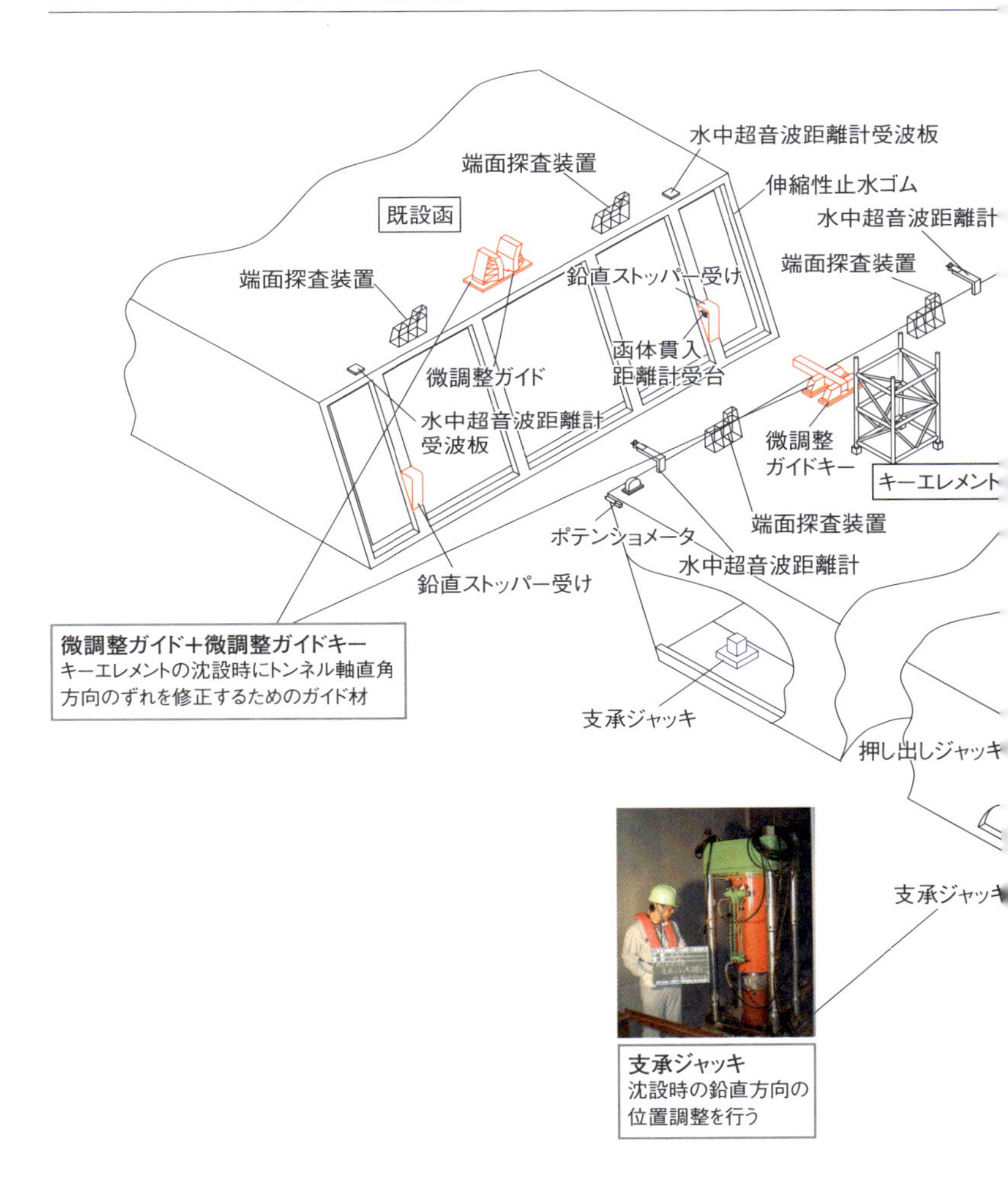

微調整ガイド＋微調整ガイドキー
キーエレメントの沈設時にトンネル軸直角方向のずれを修正するためのガイド材

支承ジャッキ
沈設時の鉛直方向の位置調整を行う

100m級の大型函体をどうしたら高精度で設置できるのか

キーエレメントの設置自体は、従来の沈設工法で対応できる。一方、通常の沈埋函やVブロックとは異なるキーエレメント特有の工夫もある。特に、函体の位置決めや位置調整でそれが見られる。

キーエレメントは沈埋函そのものなので、Vブロックに比べるとより長く大型になる。また、キーエレメントに先行して沈設していく複数の沈埋函は、先に沈設した沈埋函の端面に継ぎ足すように順々に据え付けていくので、函体の片側には接合函がない状態である。そのため沈設作業では、ある程度の自由度を見込める。しかし、キーエレメントはトンネルを完成させるための最後のワンピースとなる最終沈埋函である。既設函が両側にある間に据え付けるので、通常より高い沈設精度が要求される。

長さ100m級の大型構造物を水中でピンポイントで正確な位置に据え付け、接合させることができるか——。

かつてVブロック工法の前にアイデアを思いついたものの、実現のハードルは高いと判断するに至った課題を、那覇うみそらトンネルの建設に向けて大急ぎで解かなければならなかった。

開発の道を開いた「伸縮性止水ゴム」

Vブロック工法や既存の技術の延長線上で考えられるところがキーエレメント工法のメリットだったが、それでも新工法である以上、やはり何らかの新しい材料や技術が必要になるものである。キーエレメント工法の開発でも、「**伸縮性止水ゴム**」という材料の開発が必要になった。

沈埋函の水圧接合においては、止水ゴムは常に成否の鍵を握る材料である。開発を進めていくと、キーエレメント工法に適した止水ゴムなしには実現し得ないことがわかってきた。キーエレメント工法のためにはどのような止水ゴムがよいのか。あれこれと考えあぐねるうちに、ふと「一定の寸法誤差を吸収できる伸縮可能な止水ゴムがあれば対応できる」と頭に浮かんだ。この着想を機にキーエレメント工法の開発に明るい兆しが見え始めた。事実、キーエレメント工法の開発は、伸縮性止水ゴムの開発が大きなウエートを占めた。

伸縮性止水ゴムは、五洋建設と住友ゴム工業が共同で開発に取り組んだ。開発に至った伸縮性止水ゴムは「**スーパーホルン**」と名づけた。ゴムの頭の突起が動物の角のようなので、英語で「ホルン」である。さらに、どのような誤差にも追従してその誤差を吸収できるように「スーパー」を加えてスーパーホルンと命名した。

この止水ゴムは、キーエレメントを受ける既設函の端面で、接合部となる四周に取り付けることにした。伸縮性を活かして、既設函とキーエレメントが接合する端面の間に生じる寸法誤差を吸収するものである。従来の一般的なゴムガスケットと異なり、スーパーホルンは内部が中空構造になっている。キーエレメントを沈設し、着床した段階でゴムの内部にエアを注入して膨らませて一次止水する。

その後、その中空部分にモルタルを注入していき、中空内部が膨らんだ状態でモルタルを硬化させて水圧接合させるという手順である。

内部に空気を入れて膨らませる前は、止水ゴムが取り付け部から飛び出ないように縮めて格納されている。このため、沈設する際に沈埋函が止水ゴムに接触することを防ぐ効果がある。

伸縮性止水ゴムのメカニズム

伸縮性止水ゴムを実際に開発するに当たっては、様々な試験や検証を重ねた。開発に際して解決すべき大きな課題は、「長さが約１００ｍに及ぶキーエレメントを沈設すると、最終的に何ミリの誤差が出るのか」であった。発生し得る誤差は、測量誤差や製作誤差などであった。伸縮性止水ゴムは、そうした誤差をカバーできる能力を備えていなければならない。

「誤差」は、沈埋トンネル建設のプロセスを通じて片ときも気をそらしてはいけない要素である。沈埋函の製作から、現場の水圧接合に至るまで、一貫して「誤差」を注視していく必要がある。

誤差の対策は、沈埋函の製作時点から始まる。沈埋トンネル建設では、工事を円滑に進めるために施工途中の早い段階で最終となる沈埋函も含めた数函を同時に製作し始める。その製作段階で、すでに最終接合部に生じる誤差のすべてを見込んでおく。発生し得る誤差の根拠とするのは、過去に造った沈埋トンネルの完成後の「実測値」のほか、これから製作する沈埋函の製作誤差や沈設時の接合誤差などの「推測値」である。それらを基に最終となるキーエレメントの寸法を決めて製作する。それでも残

■沈埋函端面の伸縮性止水ゴム

キーエレメントの接合に備えて伸縮性止水ゴムを取り付ける。写真は東京港海の森トンネルの5号函端面の様子

る施工誤差を吸収する役目を担うのは、伸縮性止水ゴムである。

伸縮性止水ゴムが吸収する誤差は次のように考えた。

キーエレメントを挟む両側の既設函のゴムガスケットとして収め、片側で想定寸法に対して±60㎜の誤差を吸収する。端面の間隔が170〜290㎜の場合に対応できる。伸縮性止水ゴムは両端に取り付けてあるので両側を合わせると、想定寸法に対して±120㎜の誤差を調整できるサイズとした(162ページの中央の図を参照)。沈埋トンネルのように大きい構造物にしては誤差の想定が少ないように思われるかもしれない。しかし、先述のように、最後の沈埋函の寸法を決めるまでには繰り返し測量を行って精度を確認していくので、この誤差の範囲に収まると判断した。

ゴムの圧縮特性を考慮して水圧接合

伸縮性止水ゴムは2つのタイプを用意した。背が低いタイプと、背が高いタイプである。〝背〟というのは、沈埋函の端部に取り付けたとき、端部から出っ張る〝高さ〟のことである。双方は次のように使い分けた。背が低いほうは一般の沈埋函の接合用、背が高いほうはキーエレメント接合用とした。キーエレメント接合用は高さ303㎜で、エアとモルタルを注入するとノーズ部と呼ばれる高さ15㎜のゴムの先端部分だけが圧縮されてつぶれる。その下の49㎜には非常に硬いゴムを用いている。

キーエレメントを所定の高さまで沈設した後、水圧接合に至るまでのプロセスは、大きく分けると次の3段階になる。各段階において伸縮性止水ゴムの圧縮状況も変化していく。

①ゴムをエアで膨らませて一次止水
②内部にモルタルを注入して固定
③キーエレメントをジャッキダウンして水圧接合

中空のチューブ状をした伸縮性止水ゴムの内部にモルタルを注入するのは、キーエレメントにゴムをタッチさせてノーズ部だけがつぶれた状態で行う。その後、水圧接合すると、162ページ左下の図に記したhという高さ分だけ貫入すると想定した。この貫入量はゴムの圧縮特性によるものである。そのためVブロック工法のように20㎝も貫入するのではなく、6㎝程度にとどまる。

伸縮性止水ゴムの仕組み

■伸縮性止水ゴムの収納時（左）と接合時

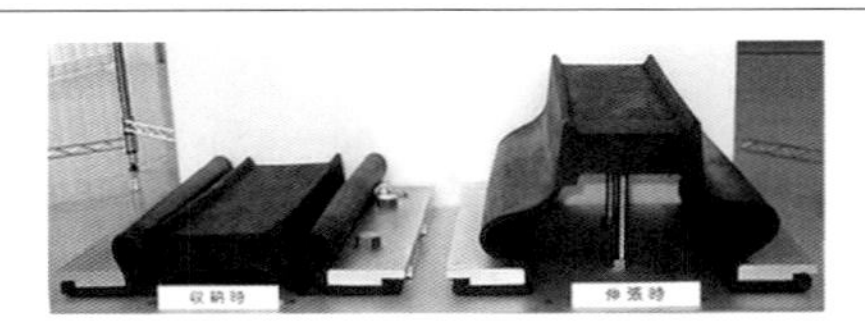

■伸縮性止水ゴムの伸張イメージ

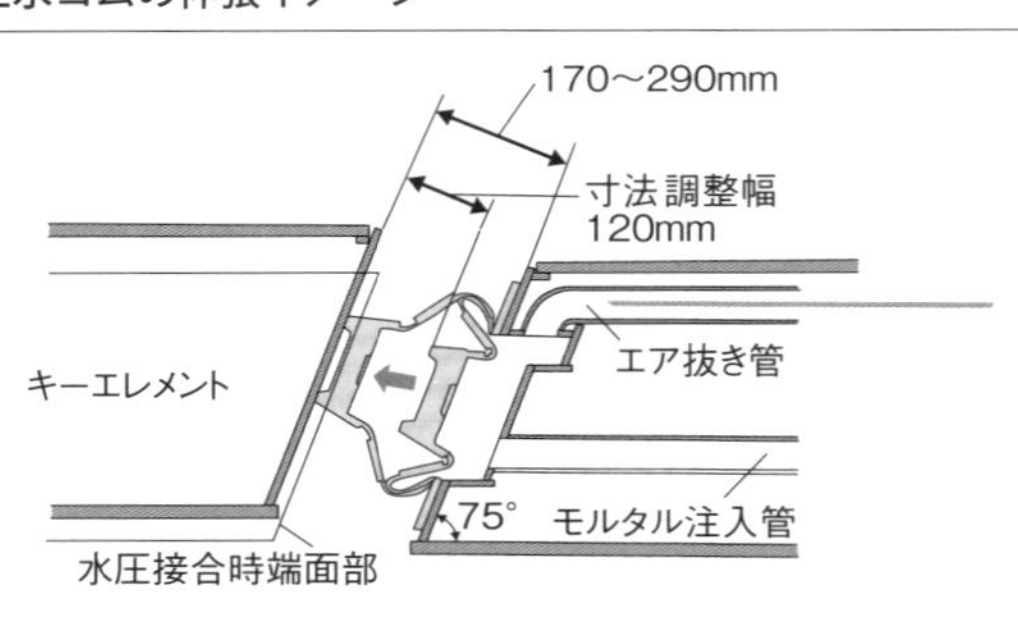

■伸縮性止水ゴムの圧縮状況

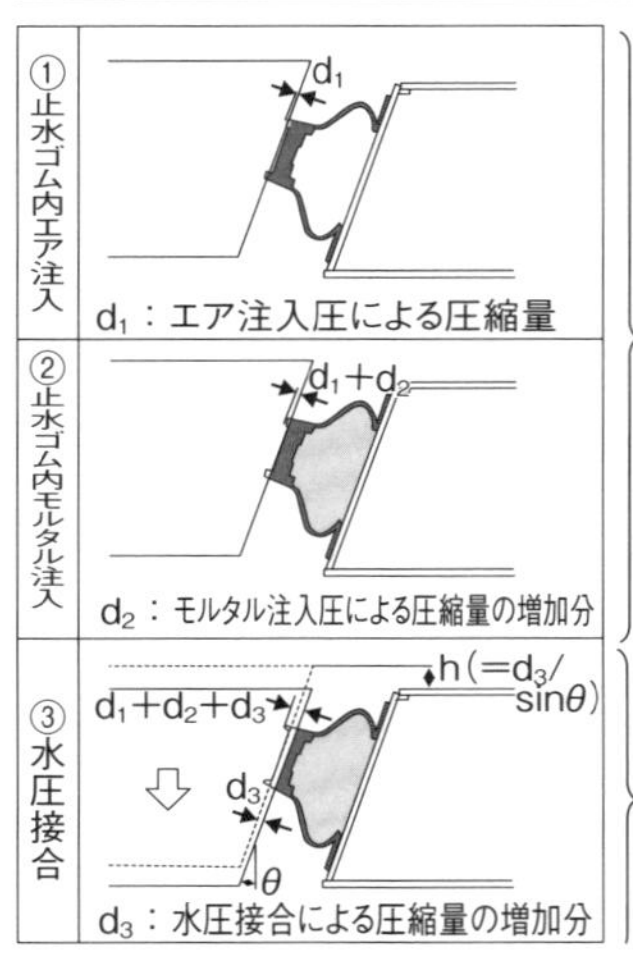

エア注入時
および
モルタル注入時
の圧縮特性試験
により確認。

水圧接合時の
圧縮特性試験
により確認。

伸縮性止水ゴムの伸縮イメージは上図の通り。寸法調整幅は±60㎜で、端面の間隔が170㎜から290㎜まで、計120㎜の寸法誤差の調整が可能。水圧接合時は、モルタルを注入した状態から、さらにゴムの圧縮特性分、圧縮量が増す。

伸縮性止水ゴムの性能や圧縮特性を確認

伸縮性止水ゴムの実用化に当たっては、複数の試験で性能を確認した。

さらに、本工事仕様の伸縮性止水ゴムを作って、水圧接合時の各段階を追いながら、止水ゴムの「圧縮特性試験」を行った。水圧接合時に圧力がかかったとき、想定したように伸縮性止水ゴムが機能するかどうかを確かめる試験である。

圧縮特性試験の内容は大きく2つに分かれる。1つは、エアとモルタルを注入する際の止水ゴムの圧縮特性を知る試験。もう1つは、水圧接合時の止水ゴムの圧縮特性試験である。

これによって、キーエレメント工法で最終沈埋函を沈設していく各段階、すなわち①エア注入による伸縮性止水ゴム密着時、②無収縮モルタル充塡後の一次止水時、③水圧接合時——のそれぞれでの伸縮性止水ゴムの圧縮量を推察できるようになった。

キーエレメントの実際の沈設では、バラストタンクに海水を入れて、水圧接合に必要な重量を確保する。万一の場合のバックアップ機構として、既設函とキーエレメントのそれぞれの端面に鉛直ストッパーを取り付けたが、計算上はストッパーで沈設が止まる前に水圧接合は完了する。

沈設過程での位置確認や出来形(できがた)管理には、水中で100mの測定誤差2㎝を可能とする超音波距離計を開発して採用することにした。一般的な陸上工事で用いる光波式距離計では、水中計測はできない。そのため、Vブロック工法でも水中超音波距離計を用いていたが、キーエレメントは函体が長いことを踏まえて、より長距離を計測できる機器を新たに開発・導入した。

伸縮性止水ゴムという要の技術開発を経て、キーエレメント工法の開発は実を結んだ。

最初の施工は「大阪港夢咲トンネル」

キーエレメント工法の採用事例には2つの〝最初〟がある。

1つは〝最初に導入〟が決まった沈埋トンネル。もう1つは〝最初に施工〟された沈埋トンネルである。

初めて導入が決まったのは、開発のきっかけとなった「那覇うみそらトンネル」（事業期間1997～2011年）であった。しかし、事業の進捗状況の関係で、「大阪港夢咲トンネル」（同2000～09年）のほうが先に施工に入った。結果的には那覇は先を越される結果となったが、国土技術開発賞の最優秀賞（国土交通大臣表彰）を受賞した際には、内閣府沖縄総合事務局、国土交通省近畿地方整備局、五洋建設の三者が共同開発者として受賞している。

ここからは、大阪港夢咲トンネルの実施工（じっせこう）における水圧接合のプロセスをまとめておこう。沈設工法で用いたのは、汎用的な「タワーポンツーン方式（ワンタワー型）」である。この方式では、キーエレメントを降ろしていく先の両サイドを押さえているので、そこにどう正確に収めるかが大切になる。そのため、沈設前にしっかりと位置決めしておくことが第一歩となった。

正確に真下に降ろすために施した工夫の1つがガイドである。水中でキーエレメントを迎える両側の既設函の頂部に微調整ガイドを取り付けた。キーエレメントを沈めていったとき、その頂部に設けた微調整ガイドキーが、既設函の微調整ガイドにはまるようにすることで、函同士が左右にずれないようトンネル軸直角方向の位置を絞っていく。

■大阪港夢咲トンネルにおける水圧接合プロセス

①最終沈埋函沈降

最終沈埋函（キーエレメント）を沈設ポンツーンで真下に降ろす。

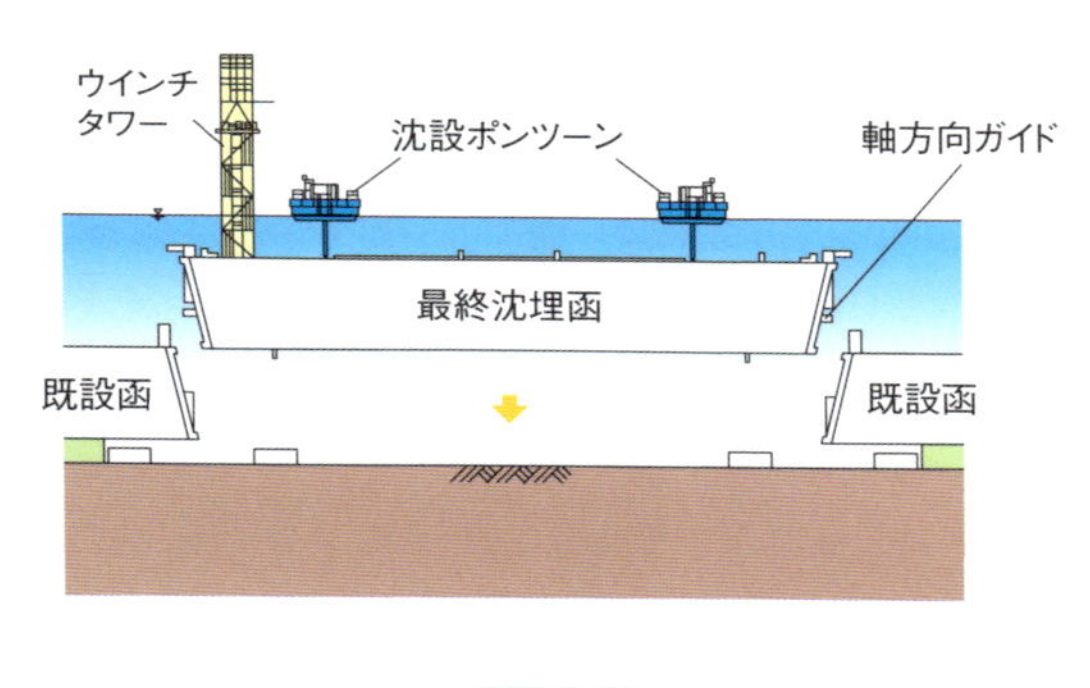

②最終沈埋函着床

微調整ガイドに微調整ガイドキーを挿入。支承ジャッキロッドで着床。押し出しジャッキロッドのストロークを調整し、函体位置を調整。

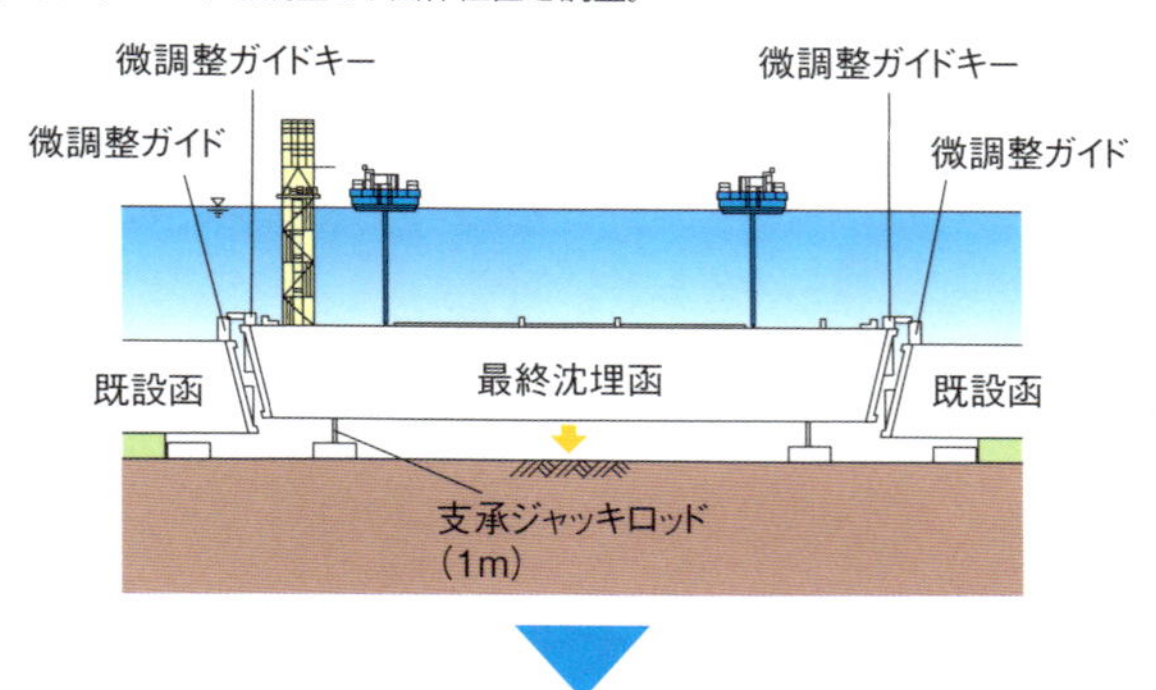

ワンタワー型タワーポンツーンで沈設

大阪港夢咲トンネルの施工写真。右はタワーポンツーンによる沈設作業風景

③最終沈埋函降下

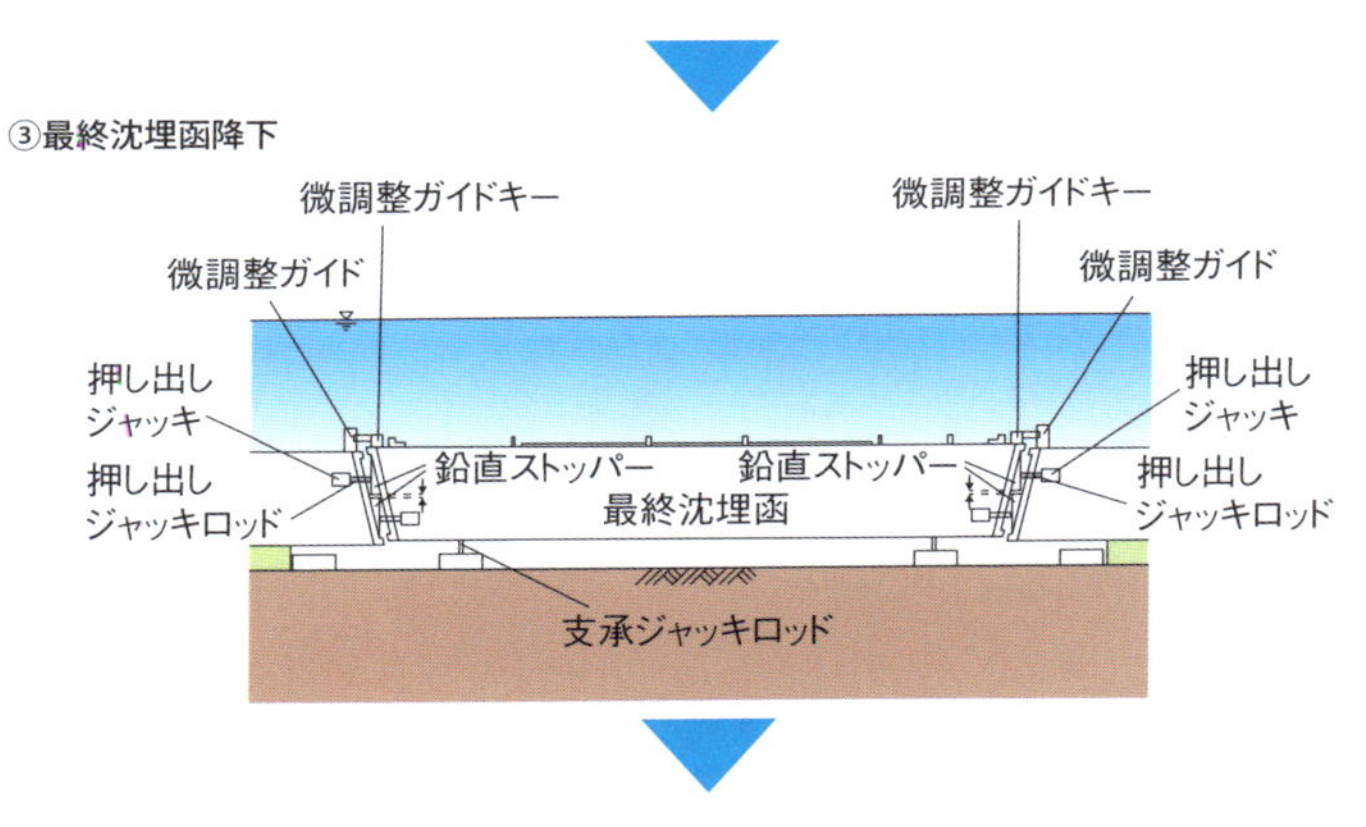

④一次止水〜止水ゴムモルタル注入
止水ゴムにエア注入。バルクヘッド間の圧力上昇を確認後、バルクヘッド間の圧力を開放。止水ゴムにモルタルを注入。

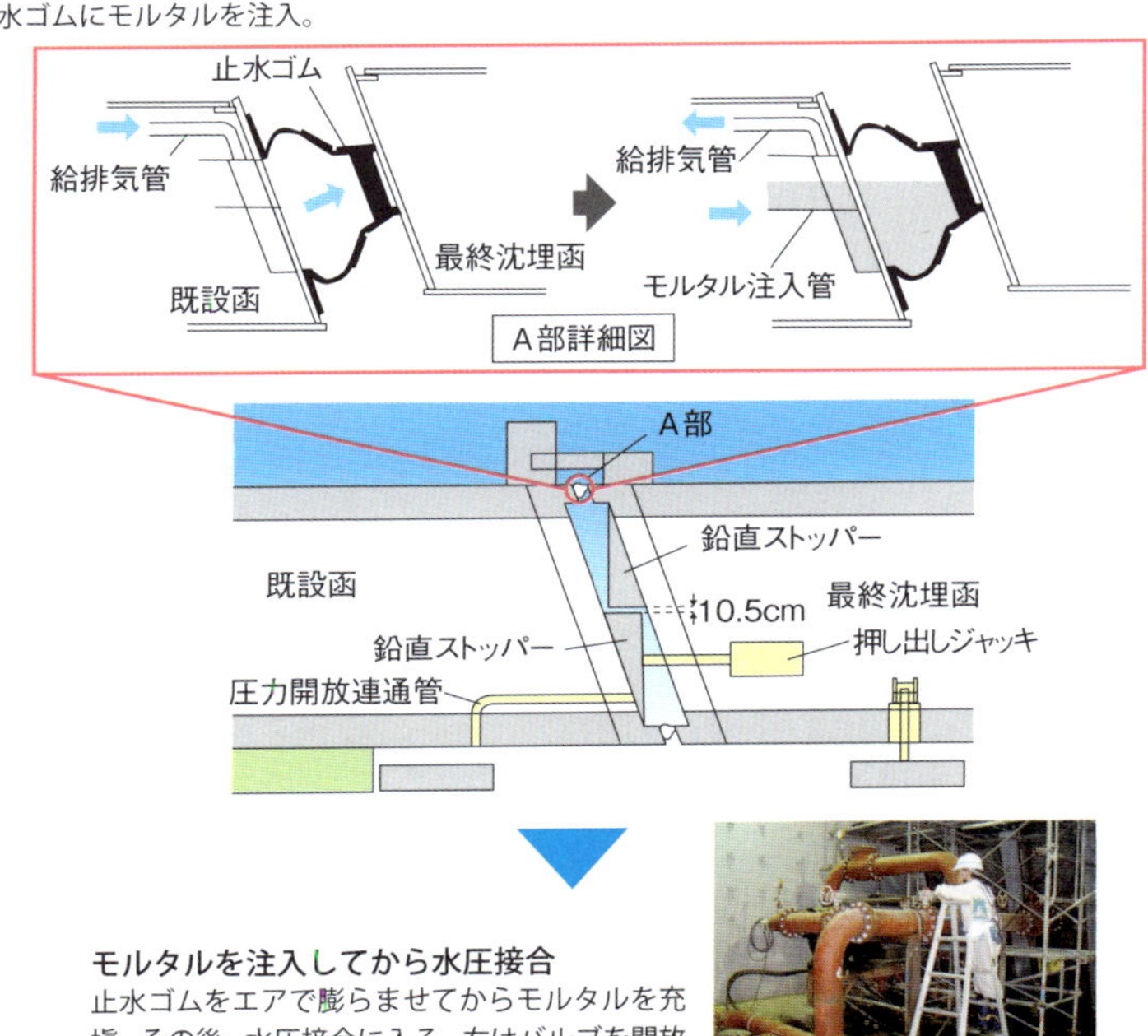

モルタルを注入してから水圧接合
止水ゴムをエアで膨らませてからモルタルを充填。その後、水圧接合に入る。右はバルブを開放して水圧接合しているところ（次ページ⑤）

⑤**水圧接合**

モルタルが硬化後、ジャッキダウン。バルクヘッド間を排水して止水ゴムを圧縮。

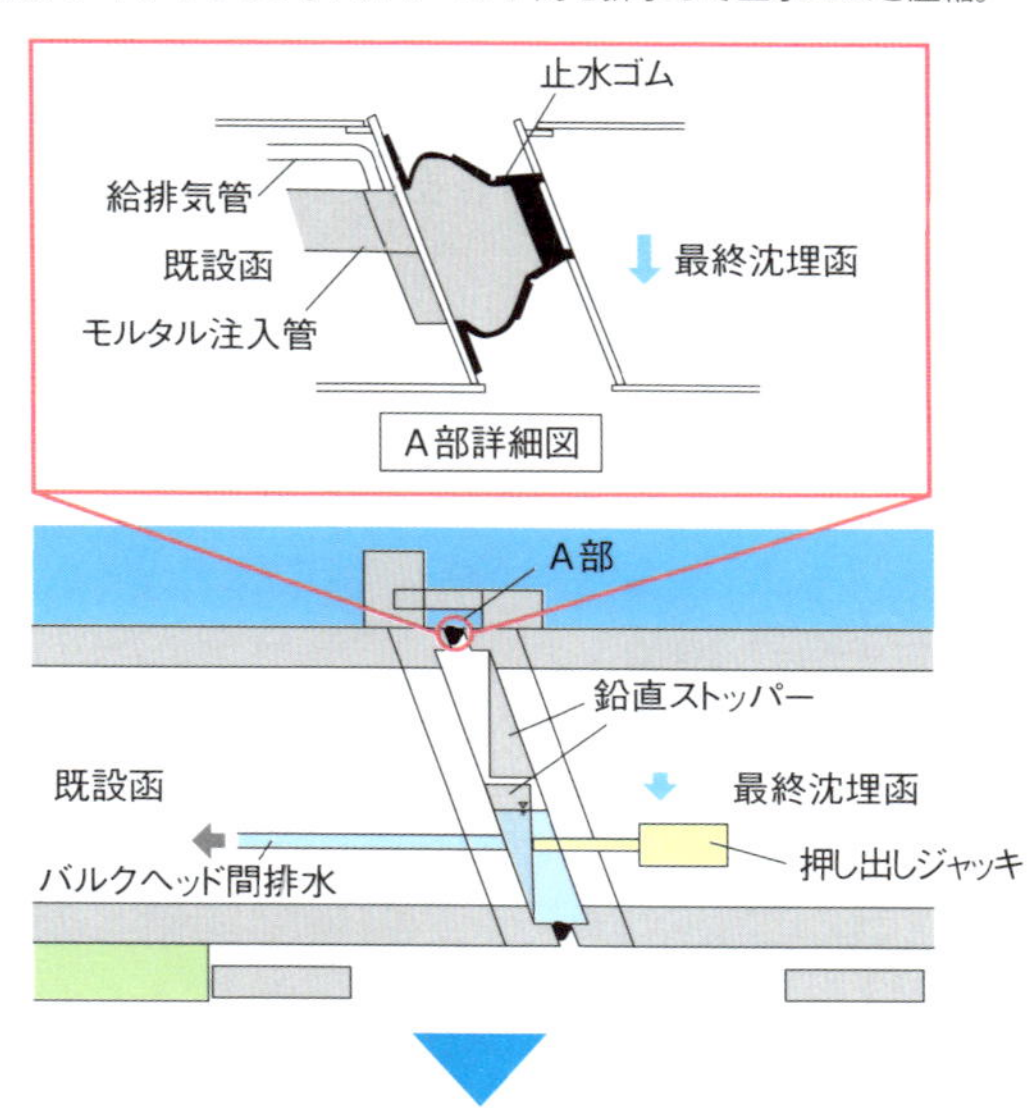

⑥**剛結**

接合部を剛結。

既設函
最終沈埋函
既設函

剛結合
既設函
最終沈埋函
剛結合

一方、トンネル軸方向は両側の既設函の内部からジャッキを押し出して調整した。その直前には鉛直荷重を受ける支承ジャッキが仮支承台に到達してキーエレメントを仮受けする。キーエレメントが仮支承台からちょうど1mの高さとなったタイミングである。

微調整ガイドやジャッキのコンビネーションで、キーエレメントの位置を逐次、修正しながら沈設を行った。併せて、沈設中に伸縮性止水ゴムを損傷させないためのガイドも付けた。

沈埋函の沈設に当たり、欠かせないのが測量である。以前、Vブロック工法を採用した大阪港咲洲トンネルでは、既設函同士の距離を把握するためにワイヤーを張り、その長さを測った。神戸港港島トンネルでは水中で両端面にパイプを渡し、気中となるパイプの中で光波を飛ばして距離を測った。キーエレメント工法の開発では、測る距離が100mもの長さになることから、新たな方法を検討し、超音波により、100mの距離を精度良く測ることができる水中超音波距離計を開発した。これらは、トンネル内部からの測量による間接的な測量データの裏付けを得る意味を持っていた。

測量方式はこの20年間に大きな変化はないが、精度は格段に向上した。最近はジャイロセンサーの精度が上がっており、より正確に座標を把握できるようになっている。そのため、ワイヤーやパイプなどを使って、直接、既設函同士の距離を測るというアナログの作業はいらなくなってきた。

これまでにキーエレメント工法が採用されたプロジェクトは、「那覇うみそらトンネル」（2011年開通）、「若戸トンネル」（2012年開通）、「大阪港夢咲トンネル」（2009年開通）、「東京港海の森トンネル」（2020年開通）の4事例を数える。それらのうち那覇以外の3事例は、沈設工法にワンタワー型のタワーポンツーン方式を用いており、キーエレメント工法と組み合わせるのがスタンダードのようになってきている。

第六章

地盤沈下を制する「クラウンシール継手」

近年の沈埋トンネルの進化を後押ししたもう1つの技術として、第二章と第三章でも少し触れた「クラウンシール継手」について掘り下げてみたい。

沈埋函同士のつなぎ役としてなくてはならない継手の技術は進化し続けてきた。とりわけ大きな進化と言えるのが、施工現場で接合する「施工継手」をそのまま可とう性継手として利用する方法から、函体の製作時にあらかじめ可とう性継手を組み込んでおく「内蔵継手」への移行である。

内蔵式の可とう性継手を導入したことで継手の変位許容能力が向上し、従来の可とう性継手では不可能であった不同沈下（地盤が不ぞろいに沈むこと）や地震による大きな変位が吸収できるようになった。可とう性継手の導入は、地震発生時に沈埋函に発生する〝断面力〟を低減できるのも大きなメリットである。

クラウンシール継手は、その内蔵式の可とう性継手の1つであり、直近の沈埋トンネルで主流になっている。このゴムをよく見ると王冠（クラウン）のような形をしており、さらに、〝ＣＲＯＷＮ〟という言葉に上品さが感じられることから、クラウンシール継手と命名した。

クラウンシール継手の詳細に入る前に、この技術で大きなポイントになるゴム材について整理しておこう。

水圧接合を基本とする沈埋トンネルで欠かすことができないのは「止水用ゴム」である。「ゴムガスケット」とも呼ばれる。ガスケットとは、つなぎ目の気密性や液密性を確保するために使うシール材のことを言う。

沈埋函は巨大なので、当然その端面の外縁にぐるりとリング状に取り付けるゴムガスケットも非常に長いものになる。例えば、断面が幅40ｍ、高さ10ｍの沈埋函ならば、その外縁に取り付けるゴムガスケットの長さは１００ｍにもなる。そこまで長いゴム材を、精度良く作るには工夫が欠かせない。まずは複数本に分けて長尺のゴム材を作り、それらを現場でつなげてリング状にした。その上で、沈設する前の沈埋函の端面にあらかじめボルト締めで取り付ける。

先に沈設した既設函の隣に、ゴムガスケットを取り付けた新しい沈埋函を沈設してつなげる際、このゴムガスケットが水圧接合により、圧縮力を受けて、水密性の高い接合が可能になる。

海中でも高い耐久性が証明された天然ゴム

沈埋トンネルの継手部材として止水ゴムが主流になったのは１９６０年代以降のことで

■キーエレメントにもクラウンシール継手

東京港海の森トンネル6号函の製作風景。同函はキーエレメントであり、端面の近くにクラウンシール継手を内蔵している

ある。以来、ゴムという材料自体も、そして止水ゴムとしての性能・機能、製造技術も、日進月歩の発展を遂げている。徐々に長いゴム材を製造できるようになり、耐久性も上がってきた。

沈埋トンネルのような海洋構造物は、長期間にわたって水圧を受ける海底の厳しい環境下にさらされる。このため、耐久性はとりわけ重要度が高い。そのような環境下でゴムが劣化せず性能を維持できるのか？　そう思われる人もいるだろう。意外かもしれないが、ゴムの中でも「天然ゴム」は水中において耐久性が高い素材である。そのことは、例えば、第二次世界大戦前に取り付けたゴムが劣化せずに海中から発見されることなどでも証明されている。

その耐久性は、沈埋トンネルの止水ゴムにも活かされている。そして、継手構造の進化とともに、ゴムの柔軟性や伸縮性を活かした可とう性継手の開発が活発化した。しかし、従来のゴムガスケットと連結ケーブルを用いた可とう性継手では、より大きな変形に対応できる背高ゴムガスケットを使っても徐々に限界が見えてきた。

と言っても、施工継手をなくすわけではない。施工継手は基本的に水圧接合時に必要であり、接合後に剛継手として仕上げることになる。一方、あらかじめ可とう性継手を沈埋函に取り付ける内蔵継手にすれば、大きな変位にも追随できる。次第にそうした考え方へ

■大阪港夢咲トンネルの縦断面図

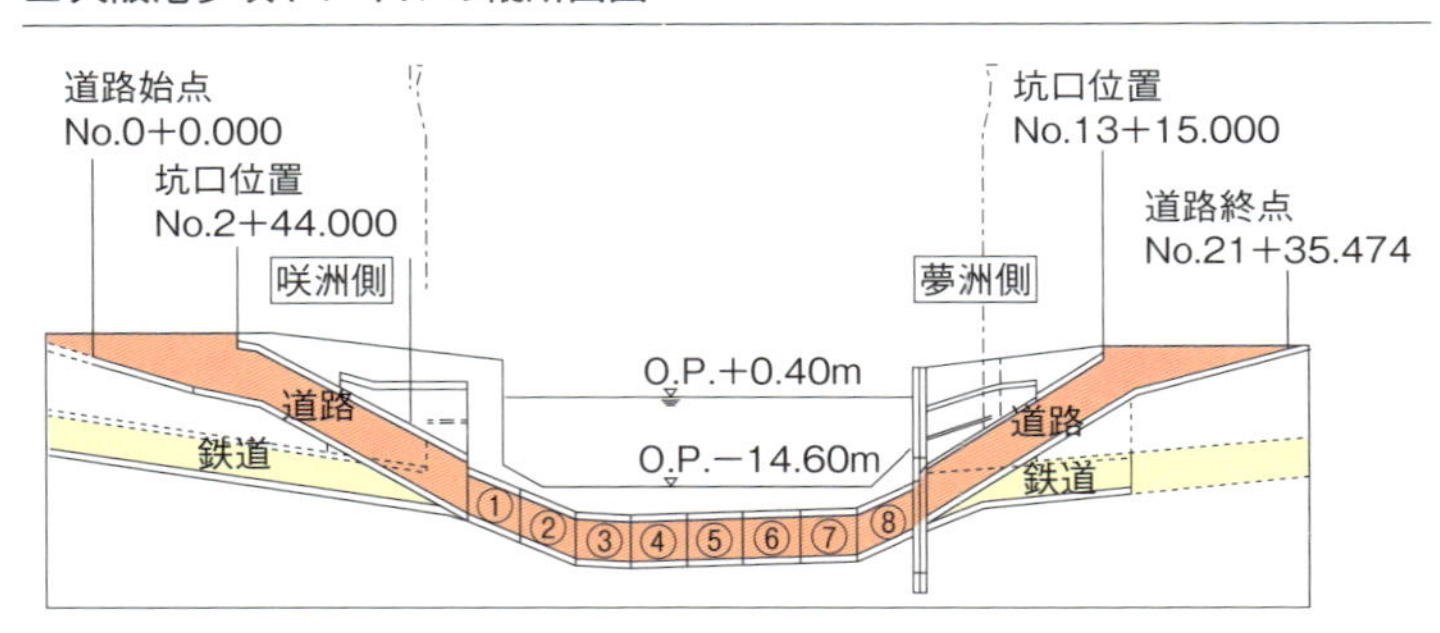

とかじが切られた。

今後50年で1mの地盤沈下に対応する新技術が急務に

そうした流れの中、可とう性継手の分野で、後に「クラウンシール」と呼ばれることになる斬新な継手構造が登場した。開発・実用化の扉を開いたのが「大阪港夢咲トンネル」(2009年開通)である。

大阪港夢咲トンネルは、埋め立てによって造られた2つの人工島「夢洲(ゆめしま)」と「咲洲(さきしま)」をつなぐ沈埋トンネルである。どちらも20世紀の終わりに造成されたばかりの若い埋立地である。造成から間もない埋立地は地盤が不安定で、徐々に沈下が進み、長い年月をかけて落ち着く。大阪港夢咲トンネルの場合も、造成から50年後までに地盤が1mほど沈下する可能性があることがシミュレーションで判明した。

地盤が大きく沈下する陸地をつなぐ沈埋トンネルで懸念されるのは、沈埋函の継手の目開きである。陸地の沈下が進むと同時にそこに接続する沈埋函も沈み込み、沈埋函同士をつないでいる継手部分が変形して開いてしまう恐れが出てくるからである。水圧接合を利用した従来の可とう性継手は、沈埋函同士を隙間なく密着させるのであって、〝接着〟するわけではない。そのため、地盤沈下などで沈埋函が動いてしまうと、水圧接合で密閉されている継手が開いてしまうというのはあり得ないことではない。万が一にでもそんな事態が起これば、トンネルとしての機能維持に黄色信号がともることになる。

8つの沈埋函をつなぐ大阪港夢咲トンネルでも、このことが当初から課題に上っていた。埋立地の地盤沈下が進むと陸側に近い1号函と2号函、および対岸の7号函と8号函で継手が開く可能性があることがわかった。

実は、五洋建設では、このプロジェクトが始まる前から、将来的に大きな変形に追随できる継手が必要になることを予測し、独自に研究を進めていた。大きな地盤沈下が予想される埋立地を結ぶ大阪港夢咲トンネルで、にわかにその実用化が現実味を帯びて浮上し、発注者にも興味を持ってもらえたことから、開発が本格化していった。

ゴムを高くする従来の対策にも限界

従来の可とう性継手は、「ジーナ型」と呼ばれるゴムガスケットと、連結ケーブルを用いるものであった。ゴムガスケットが圧縮力を負担する一方、ケーブルは引っ張り力に抵抗する仕組みである。地盤の沈下などの様々な条件で継手の開きが大きくなることが懸念される場合も、ガスケットのゴムを高くして対応してきた。例えば、「東京港臨港トンネル」（２００２年開通）では、この背の高いゴムで対応している。

しかし、先にも触れたように、ゴムの背を高くするのにも限界がある。ゴムの背が高くなるほど、横から水圧を受けたときにゴムが倒れやすくなってしまうからである。また、水深が浅いほど水圧が低く、ゴムガスケットの圧縮量が少なくなるという課題もあった。通常、陸上側は水深が浅くなるので、水圧接合する上で最も変形が欲しい箇所のゴムの圧縮量が少ないという課題も顕在化していた。

そうした問題に対する工夫は、すでにいろいろと凝らされてきた。例えば、「那覇うみそらトンネル」（２０１１年開通）では、あらかじめ沈埋函に取り付けておく「内蔵継手」を設けておくことで対応する方針を打ち出した。そして、「ベローズ式継手」という新しい継手

■可とう性継手の変遷

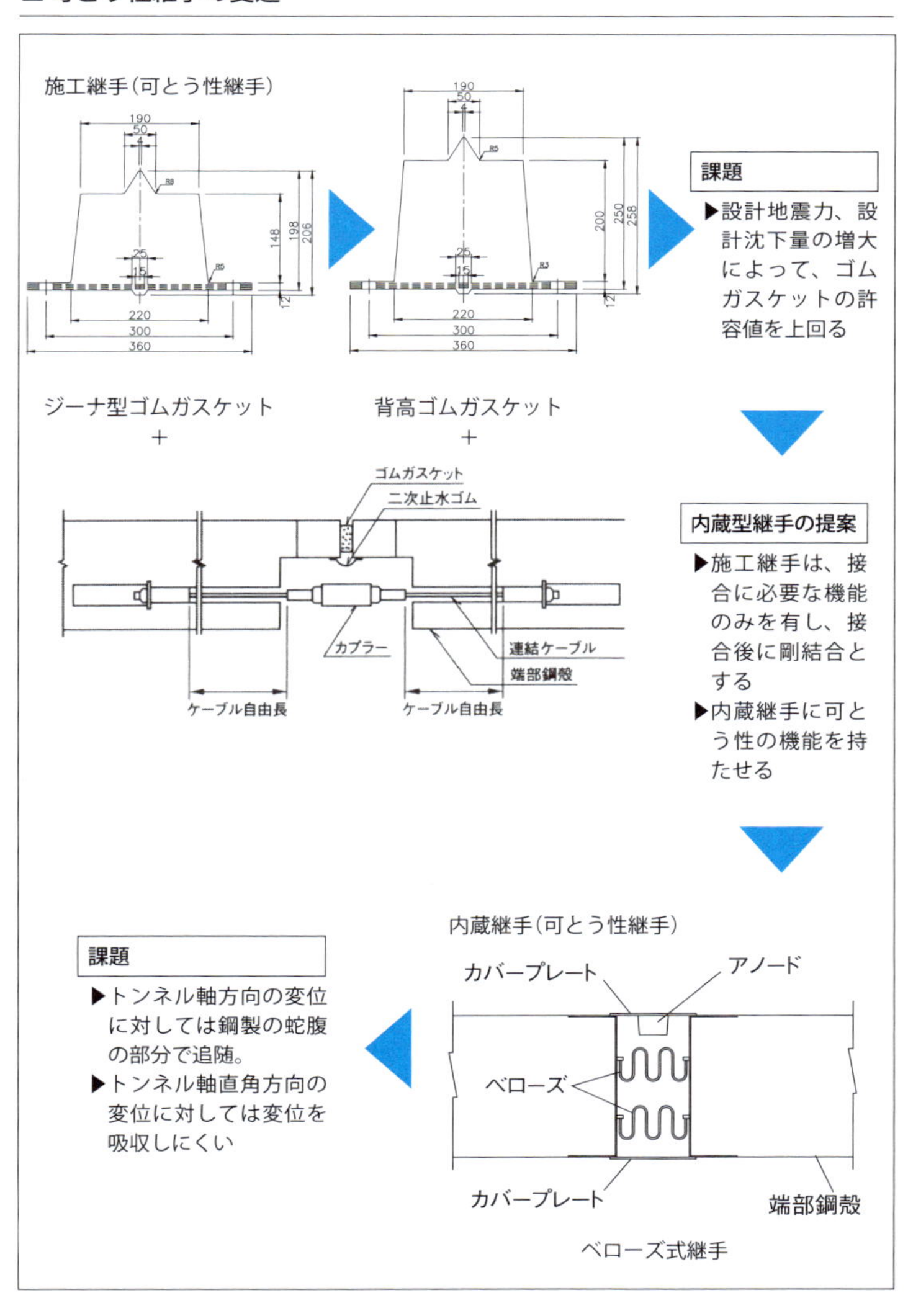
施工継手(可とう性継手)
190
50
4
R8
148
198
206
25
15
R5
12
220
300
360
190
50
4
R5
200
250
258
25
15
R3
12
220
300
360
課題
▶設計地震力、設計沈下量の増大によって、ゴムガスケットの許容値を上回る
ジーナ型ゴムガスケット
＋
背高ゴムガスケット
＋
ゴムガスケット
二次止水ゴム
カプラー
連結ケーブル
端部鋼殻
ケーブル自由長
ケーブル自由長
内蔵型継手の提案
▶施工継手は、接合に必要な機能のみを有し、接合後に剛結合とする
▶内蔵継手に可とう性の機能を持たせる
内蔵継手(可とう性継手)
カバープレート
アノード
ベローズ
カバープレート
端部鋼殻
ベローズ式継手
課題
▶トンネル軸方向の変位に対しては鋼製の蛇腹の部分で追随。
▶トンネル軸直角方向の変位に対しては変位を吸収しにくい

構造が採用された。

ベローズ式継手は、四角い沈埋函の断面に合わせて、蛇腹状に加工した鋼製の継手をぐるりと取り付ける。この継手は、トンネル軸方向には効果的である半面、トンネル軸直角方向には変形しにくいので、ねじれを伴う大きな沈下などに対応できる、柔軟性のある新しい継手が求められていた。

そこで、私たちは、ゴムを用いて新しい可とう性継手ができないかと考えた。参考にしたのが、東京湾横断道路（東京湾アクアライン、1997年開通）のシールドトンネルだった。海底の深くに築かれたこのトンネルでは、止水ゴムと、鉄製の「耐力バー」を組み合わせていた。止水ゴムの下に、鉄の耐力バーを密に並べておき、その耐力バーで水圧を受ける仕組みであった。構造上はゴムを固定している箇所で止水していた。

この仕組みには可能性があると踏んでいたのだが、沈埋函の継手として検討してみると、この仕組みは大きな変形を起こしたとき、止水ゴムにあまり望ましくない状態が生じる可能性があった。シールドトンネルよりも浅い水底に築く沈埋トンネルでは、許容できる変形量が足りなくなってしまうという問題もあった。

■クラウンシール継手の形状検討プロセス

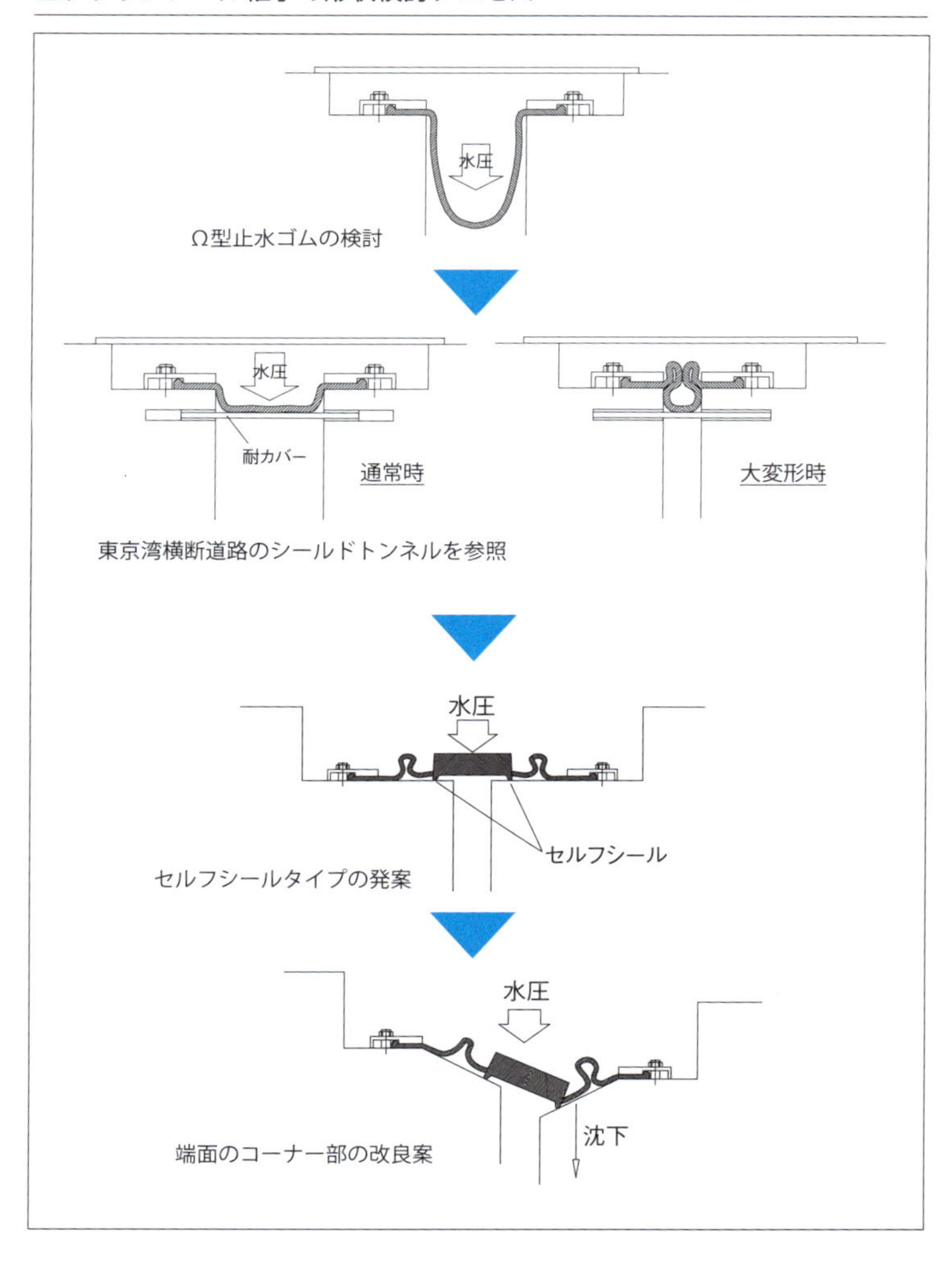

そこで少しアレンジしてみた。鉄製の耐力バーを、硬い止水ゴムに置き換え、さらに外部の水圧でゴムのノーズ部分を圧縮すれば確実に止水できるだろうと考えたのである。そうすれば、水圧で止水することができ、しかも端面の遊間にゴムが挟まれることもない。

これで新しい継手の開発にも勢いがつく。そう喜んだのも束の間のことだった。より詳細に検討してみると、また大きな壁にぶつかってしまった。今度は継手部分が上下左右の四方にずれ動いたときに、止水ゴムのノーズ部分が浮いてしまう可能性があることに気がついたのである。気を取り直してさらに検討を重ねた結果、たどり着いたのが、端面のコーナーを斜めにする案であった。

こうした発想でクラウンシール継手の原型が出来上がった。

クラウンシール継手は、沈埋函同士の接合部に「遊間」と呼ばれるクリアランスを設け、その四周を囲む形で函体に「クラウンシールゴム」を装着する。

クラウンシール継手を構成する具体的な部材は、クラウンシールゴムのほか、ストッパーケーブル、二次止水ゴム、函体の取り付けビームなどである。これらの構成部材は、いずれも函体にかかる初期変位に対しては抵抗力を発揮しない。あくまでも変位を吸収する主機能は、遊間が担う。この点が、ゴムガスケット式継手やベローズ式継手のように、素材の抵抗性能で変位を吸収する従来タイプの継手と異なる構造上最大の特徴となる。この内蔵継手は沈埋函の端部からトンネル軸方向やや内側にセットバックした位置に構築し、水圧接合部となる沈埋函端部の施工継手部は剛結合とする。

■クラウンシールゴムのモックアップ

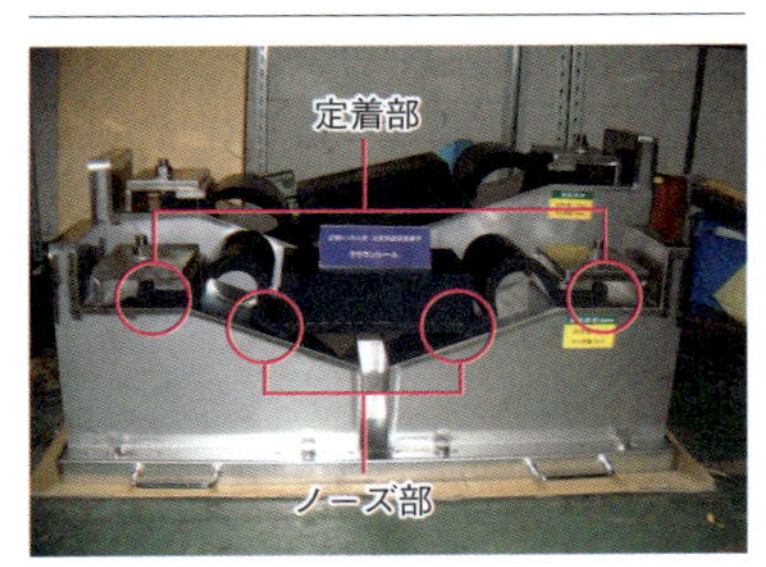

定着部とノーズ部で一次止水を行う

■クラウンシール継手の構造

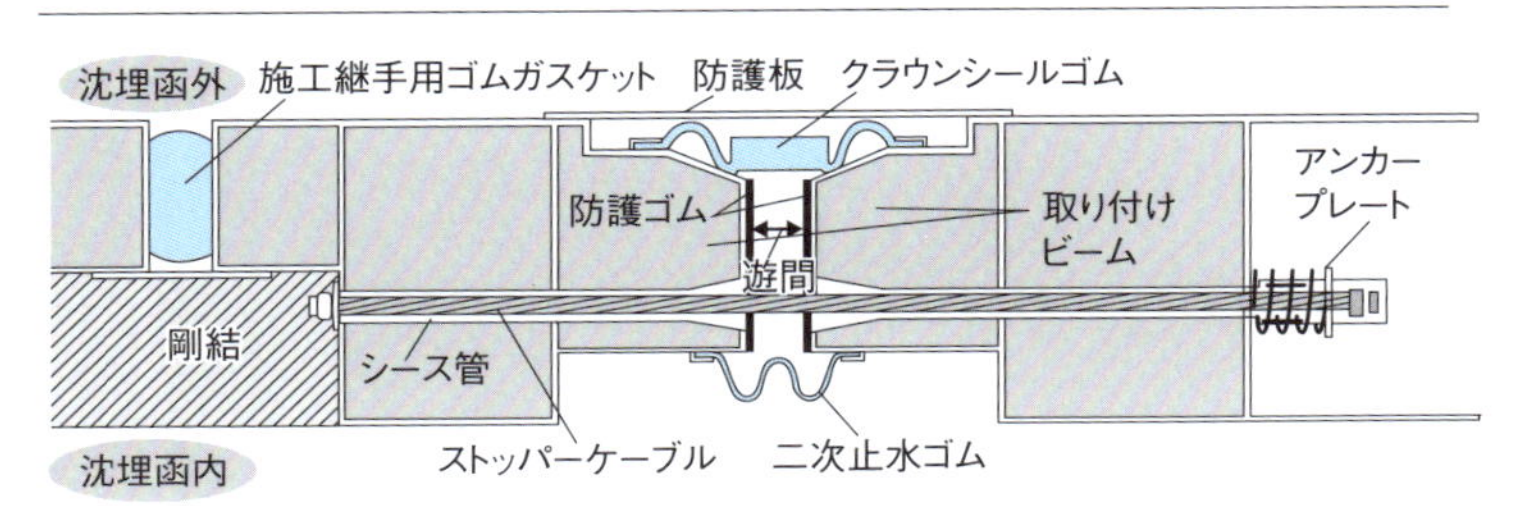

Column

クラウンシール継手のメカニズムは？

従来のゴムガスケット＋連結ケーブル方式は継手に作用する圧縮方向の変位をゴムガスケットが受け持ち、引っ張り方向の変位を連結ケーブルで制御するメカニズムである。これに対してクラウンシール継手は、継手となる部分に「遊間」と呼ぶクリアランスを設け、その四周を囲む形で函体に「クラウンシールゴム」を装着して止水を行う。基本的には遊間のクリアランスにより、自由に変位する構造となり、隣接する沈埋函に断面力が伝わらない仕組みである。従来の可とう性継手とは全く異なる新しいメカニズムである。

地震時のトンネル軸方向の変位が許容値を超えたときに初めて機能するストッパーケーブルを設置し、過度の目開きを防ぐとともに、反対の圧縮方向には緩衝材を設置した取り付けビームが圧縮力を受け持ち、万一に備えることとしている。継手部におけるせん断変位(トンネル軸直角方向の変位)については、従来の可とう性継手と同様に継手部に設置されるせん断キーによって変位を制限する。

また、本継手の止水性はクラウンシールゴムの取り付け部（定着部）により保持されることを設計上の基本としているが、外水圧により、クラウンシールゴムのノーズ部が圧着されることで止水機能が発揮されることから、二重の止水機能を持つことになる。さらに、バックアップとして従来型の可とう性継手と同様に二次止水ゴムを備えており、信頼性の高い止水性能を有する。

■ クラウンシール継手の二重止水の仕組み

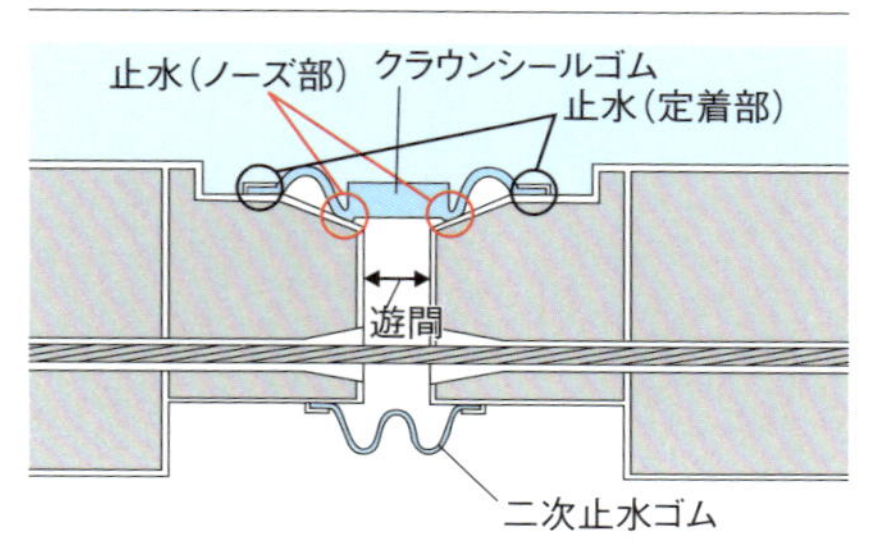

■クラウン部の挙動

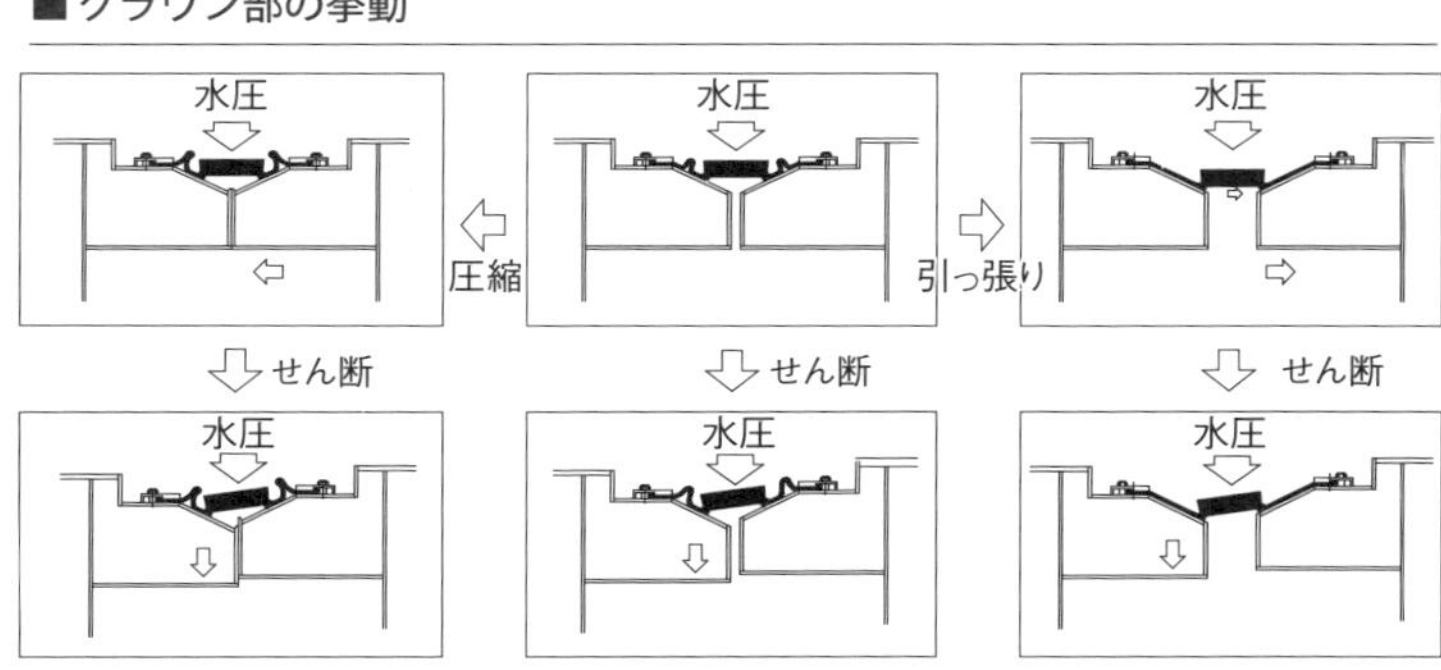

従来タイプよりも優れた変形吸収能力

こうした構造によって、クラウンシール継手は従来タイプの継手よりも高い変形吸収性を発揮する。開発時の実験データによれば、遊間幅（水平方向の距離）を125㎜とした場合、トンネル軸方向で±125㎜以内、せん断方向で100㎜以内の変形に対応できる。従来のプレストレストケーブル付きゴムガスケット式に対して2倍超の変形吸収性能を備えることになる。

クラウンシールゴムは、一次止水層としての役割も担う。まずは、取り付けビーム外面の定着部で函体と密着することで止水性を確保する。万が一、定着部の止水性が保たれなくなった場合は、クラウンシールゴムのノーズ部が水圧によって取り付けビームに密着してシール機能を発揮する。そうした二重の止水機能を備えている。

■ クラウンシール継手を本体と一体化する手順

吊りワイヤー
クラウンシールゴム
鉛直せん断キー
防護板仮置き
製作架台

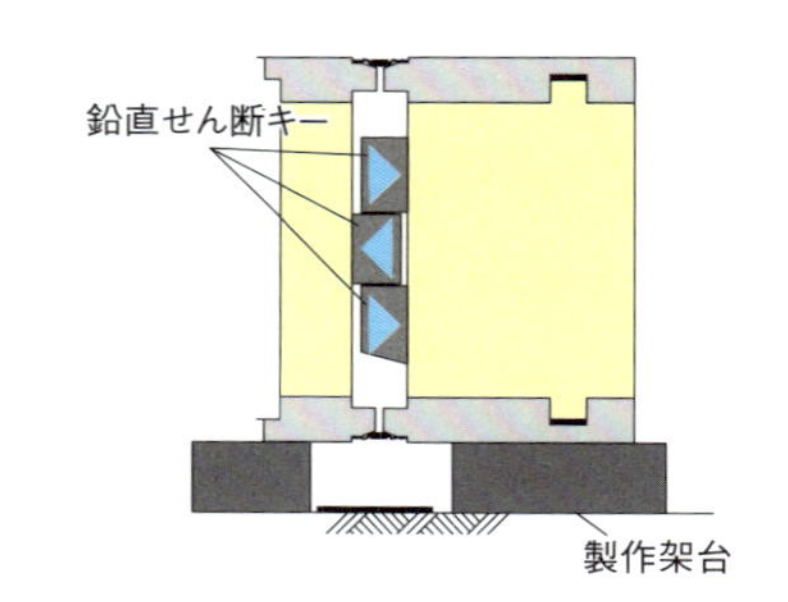

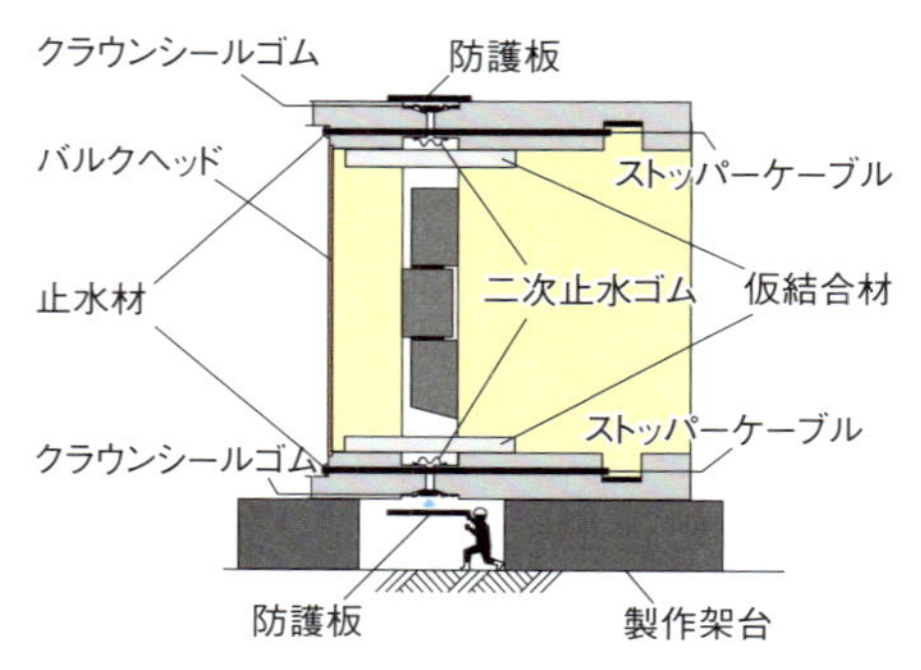

こうした止水性能について、開発時に独立行政法人港湾空港技術研究所（当時）で行われた実験では、水深10～30ｍの水圧条件で、トンネル軸方向に最大３００㎜、せん断方向で最大１５０㎜の変位まで、所定の性能を保つことを確認している。

クラウンシールゴムは継手１カ所当たり４分割して工場で製作し、函体鋼殻の構築時にリング状に一体化した上で、鋼殻端部に据え付ける。構造上の特徴から、据え付け工程でも特有の配慮が求められる。例えば、クラウンシールゴムは各パーツを加硫接合（硫黄物質を混入し加熱することで生じる化学反応を利用した接着技術）によって一体成型する。この工程は函体鋼殻の構築現場で実施する。

クラウンシール継手は、独立行政法人港湾空港技術研究所（当時）、国土交通省近畿地方整備局、早稲田大学・清宮理教授（当時）、オリエンタルコンサルタンツ、住友ゴム工業と共同で開発し、大阪港夢咲トンネルで初めて実用化された。8函からなる沈埋トンネルのうち、予測される沈下量が大きい立坑(たてこう)付近の5カ所に内蔵型のクラウンシール継手を用い、その他は従来のジーナ型ゴムガスケットによる可とう性継手とした。

2例目となった「東京港海の森トンネル」（2020年開通）では、4カ所をクラウンシール継手とし、それ以外はすべて剛継手としている。

■リング状のクラウンシールゴム

クラウンシールゴム施工済みの鋼殻端部を函体鋼殻本体と一体化する

クラウンシール継手の配置

■大阪港夢咲トンネルと東京港海の森トンネルの継手配置

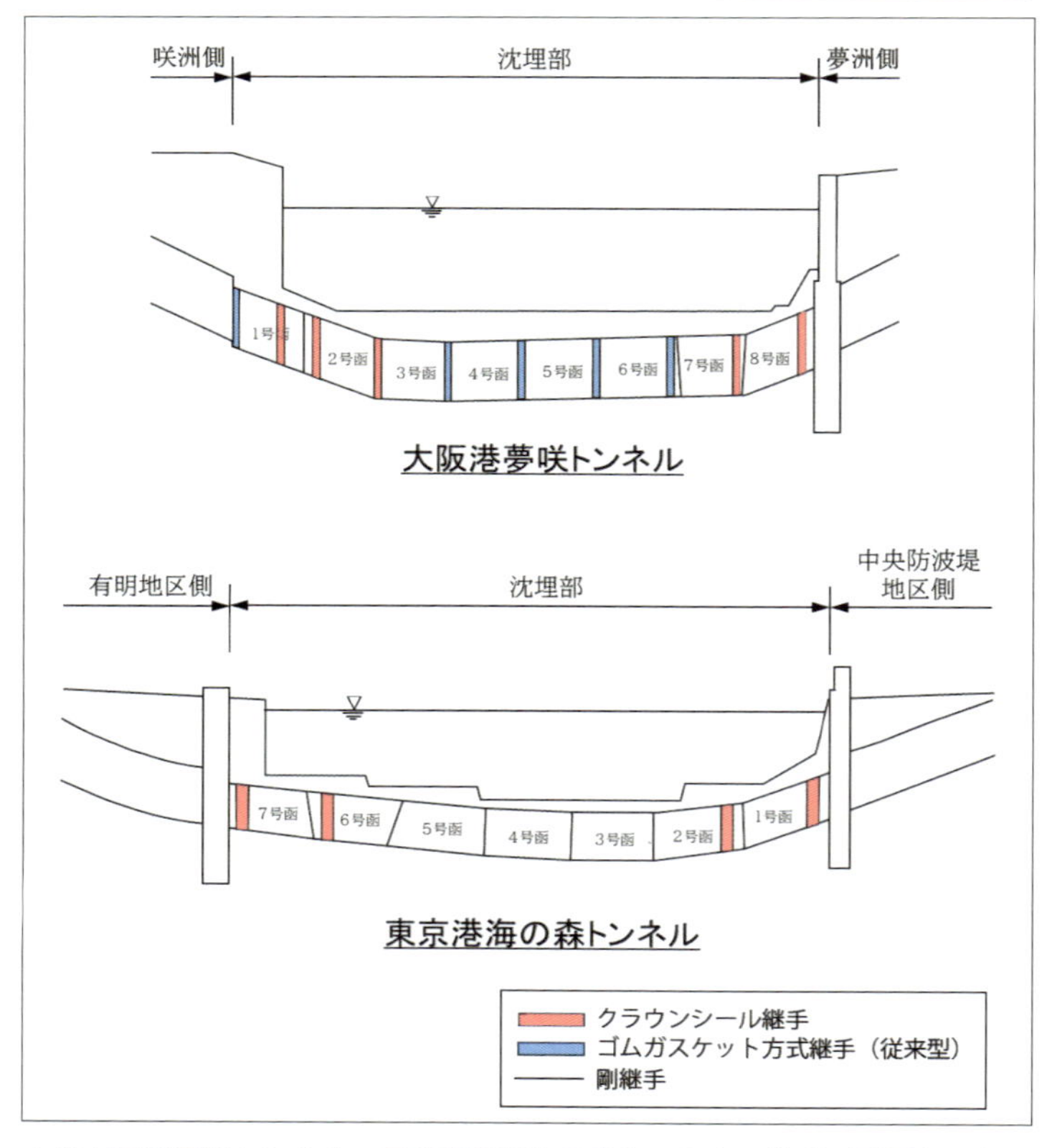

上が大阪港夢咲トンネル、下が東京港海の森トンネルの継手の配置を示している。初の適用例となった大阪港夢咲トンネルでは、沈埋トンネルの中間部（3～6号函）の施工継手はすべて従来型の可とう性継手とされた。一方、東京港海の森トンネルでは、施工継手はすべて剛継手とした。沈埋函同士の水圧接合部は剛継手にして、可とう性継手は沈埋函に内蔵したクラウンシール継手だけにするというのが基本的な理念である。

終章

技術革新の原動力は技術者の「挑戦」

これまで紹介した通り、沈埋トンネルの分野ではここ30年ほどの間に大型プロジェクトが相次ぎ、それに伴って次々と新しい技術が発案・開発・導入されて日本独自の進歩を遂げてきた。

一方、沈埋トンネルの先達（せんだつ）である欧州に目を向けると、日本とは違う技術の発達が見られる。それぞれの国や地域で、環境や設計条件、制約などは異なるので、海外の技術をそのまま日本の沈埋トンネルで用いようとしてもうまくいかないだろう。逆に日本で開発された技術がそのまま海外で導入されるとも考えにくい。

しかし、それぞれの国や地域で開発されてきた各種技術の中には、参考に値する要素があるかもしれない。例えば、開発の発想や考え方、技術の中身などをつぶさに調べて〝日本版〟にアレンジしたら、新しい沈埋トンネルの技術につながる可能性もある。

それとは逆のこともあり得るだろう。実際、先日、中国の沈埋トンネルで、Vブロック工法によく似た最終継手を用いた事例を目にする機会があった。もしかしたら、日本のVブロック工法を手本にして研究開発に取り組み、独自の工夫を施して〝中国版〟とでも言えそうな技術を導き出したのかもしれない。

社会インフラの整備を担う土木技術者は、世界のあらゆる国・地域で活躍しており、目下のテーマや課題と向き合う中で有用な情報を収集しつつ知恵を絞り、新しい技術の開発に取り組んでいる。今こうしている間にも、世の中の様々な技術が一歩ずつ着実に前進していることだろう。

技術というのは、進化の歩みを止めることがない。常に、高みを目指して革新を重ねていく。それは土木分野に限らず、あらゆる産業分野において言えることである。職場でも家庭でも、毎日の生活を取り巻く現状を見渡すと、10年前と比べて大きく進化した技術によって成り立っていることがわかるのではないか。そして、これから10年たてば、世の中には様々な新しい技術が登場しているに違いない。

そうした技術革新をかなえているのは、技術者のたゆまぬ〝挑戦〟である。言い方を換えると、技術者はいつでも〝挑戦者〟でなければいけない。

では、挑戦するには何が必要なのか。

不可欠な要素が「アイデア」と「勇気」である。

ことさらにアイデアというと肩に力が入ってしまう人がいるかもしれない。けれども、アイデアというのは、とかく素朴な疑問や、身の回りの物事から湧き出てくるものである。

かつて私が「Vブロック工法」の基となるアイデアを着想したのも、「沈埋工法はもっと良くなるのではないか」という思いが発端だった。そのとき手描きした一枚のポンチ絵が、私の挑戦の始まりだった。沈埋トンネルの建設現場から本社に異動になり、沈埋トンネルとは関係のない仕事に従事し始めたときに、上司にその絵を見せ、「これで課題が解決できるかもしれません」と進言したのである。

新しいことに挑戦するには勇気がいる。このとき、尻込みしてアイデアを胸の内にしまい込んでいたら、Vブロック工法やそれに続くキーエレメント工法は生まれていなかっただろう。また、そのとき、私の進言を受け入れてくれた上司の先見性もあったと思う。社内の技術開発の対象となり、各地の沈埋トンネルプロジェクトに間に合うよう、開発リーダーに専任され、全速で開発を進めることとなった。


アイデアを実現に導くためには、もう1つ重要なことがある。社内外の様々な人たちとの協働である。

私が沈埋トンネルの魅力に引かれ、30代から40代後半にかけて新しい技術の開発に挑戦し、それが実プロジェクトで実施されたのは、多くの人たちの理解やサポートがあってこそのことである。発注者をはじめ、大学の先生方、各分野の協力会社など、実に様々な分野や立場の方々が、新しいアイデアの実現に向けて前向きに取り組んでくださった。

本書の締めくくりとして、沈埋トンネルの進化のために、私と一緒に汗をかいてくれた当時の社内の仲間たちのコメントを次ページ以降に掲載したい。これから、いろいろなことに挑戦する若手技術者の参考にしてもらえたら幸いである。

❖同志に聞く新技術が生まれた背景

挑戦への強い思いが求心力に、チーム一丸となって走り抜く

檜山 良一氏

一般財団法人 港湾空港総合技術センター 調査役（元五洋建設）

楽をしようという発想がVブロック工法を生んだ

下石とは五洋建設の１９８０年入社の同期で、共に土木設計部へ配属された。私は４年目に施工現場に異動になったが、彼は一歩早く施工現場に異動し、再会したのは、私が新潟みなとトンネルで沈埋函の計画を担当し始めたとき。初めて沈埋函を経験し、水圧接合は非常に不思議であり、面白いと感じた。

彼は当時、川崎航路トンネルの現場で、ＪＶ（ジョイントベンチャー＝共同企業体）構成企業の一員として施工管理に従事しており、設計工務に所属していた。私は、そのＪＶの現場を案内してもらう一方、彼には沈埋工法について、いろいろと教えてもらった。

彼は沈埋工法についてよく知っていた。ＪＶのメンバーとして施工現場のいいところを吸収しようという気持ちは強かっただろうし、ＪＶの中で工務に引っ張り上げられたからこそ、いろいろなことを勉強できたのだと思う。

その後、彼は土木設計部に戻り、Ｖブロック工法の開発を始めた。開発時に電話をもらい、実際に施工できるか確認を求められたことがあった。彼は水平方向の水圧接合を上下に捉え直した。水圧は当然、下のほうが大きくて上のほうが小さい。そこでブロックの形状をＶにすることによって、上下の面積差で水圧を逆転させてブロックを下方へ押し込めた。これは我々には理解できない彼の発想力があってのことだと思っている。

「Ｖブロック工法までで技術は完結している」

彼はなぜ発想できたのか——。

入社当時の土木設計部では、ビリヤードとおはじきを混合したような海外のゲームがはやっていた。彼は、サッカーをやっていたので、球さばきがすごくうまい。しかし、大技で勝つことがゲームの面白さ、楽しさだと思っていたようで、成功確率の少ない技に走る傾向があった。それは、彼の特徴である、楽に勝つ方法を見つけようとすること（効率良くすること）であり、他人が選択をしない技に挑戦することにつながっている。地道にやっていれば勝てるのに、すぐ大技をやろうとするから、いいときはすごい技となるが失敗もあり、周りからは「そのやり方は発想が悪い」と冷やかされることもあった。

ただ、その楽に勝つ方法を見つけようとする発想ができるからこそ、Vブロック工法につながったのだと思う。先ほど、理解できない発想力だと言ったが、少なくとも荒唐無稽ではない。それは施工現場も同様。楽なことは、作業員が楽に作業できることであり、より安全な作業に直結する。より安全ということは効率が良くお金もかからず事故もない。

楽な方法を考えることこそ、工事所長の仕事だろう。

私はVブロック工法までで技術は完結していると思う。私が工事所長を任せてもらった若戸トンネルではキーエレメント工法に進化しており、当時、社内報の取材で「最終継手の集大成」と話したことを鮮明に覚えている。

でもVブロック工法がなかったらキーエレメント工法は生まれていない。さらに、彼の発想力だけで実現に至ったわけではない。実験の設備投資、人員の投入など会社も手厚く支援していた。彼を信頼した上層部の先見の明は大きい。彼も言っているが、彼1人だけではできなかっただろう。組織の支援や彼を手伝ったチームの力がある。1人でも欠けていたら完成しなかったかもしれない。（談）

玉井　昭治 氏

五栄土木　前代表取締役社長（元五洋建設）

場をなごませることで意思の疎通を図り、皆を前向きな姿勢に

私は1983年に五洋建設に入社後、1990年、私にとって初めての沈埋トンネル工事となる川崎航路トンネル建設現場の勤務となった。そこでは、下石が担当していた設計工務の仕事を1カ月間で引き継ぐことになった。それが下石との出会いであり、一緒に仕事をするスタートであった。それ以来、本社や九州支店など、4度同じ職場に勤務することになった。私が五洋建設に勤務した37年間のうち、約3分の1を共に歩んできたことになる。

「新技術や新工法を成功させるために」

1993年に本社土木設計部に異動したときは、部下としてVブロック工法の4分の1スケールによる実証実験を担当した。このときの忘れられないエピソードがある。4分の1とはいえ実験設備はかなり大型になった。発注者も交えた実験後の集合会議

で、Vブロックを接合する際のジャッキ作動時に「ゴトンゴトンと大きな音がした」と工事所長から報告があった。20人近くが緊張して聞く中、下石は「そりゃ、そうでしょ。5トン（ゴトン）の力をかけていますから」とひと言。周囲を緊張させるだけでなく、場を和ませることで、積極的な意見が出るように前向きな姿勢に変えていくことの大切さを学んだ。下石は日ごろから明るく穏やかで、人を否定することはない。

この経験は、那覇うみそらトンネルや若戸トンネルの工事で、工事所長としてキーエレメント工法に関わる新技術や新工法を成功させるために活かされることとなった。新技術や新工法を採用した難易度の高い工事だったが、下石から教わった、積極的に皆の意見を取り入れる前向きな姿勢で、「事前に万全の対策を練り、手順が変わっても、臨機応変に対応していくことが重要」と肝に銘じ、工事を進めた。トンネルが無事開通したときの爽快感と充実感は、決して忘れられない。そして幾多の厳しい自然条件に立ち向かい、工事の竣工を無事迎えられたことを、今でも誇りに思っている。

「最後まであきらめないこと」が重要

失敗することは、誰にでもあると思う。私も失敗経験があり、会社を辞めようと思ったこともある。下石に伝えると、本社から地方まで来てくれて「最後まで責任を持ってやり遂げることが大切」と慰留していただいた。

こうした経験も経て、「トラブルや困難があっても、最後まであきらめないこと」が私の座右の銘になっている。どんな困難な状況にあっても、やり遂げる。

臨機応変に対応し、失敗をバネに、次は絶対に失敗しないという強い気持ちさえあれば、何とかなる。下石の人となりをひと言で表現すると、「挑戦者で、絶対にあきらめない人」だろうか。私の座右の銘にもつながっている。（談）

新明 克洋 氏

五洋建設 土木部門 土木本部 土木設計部 臨海グループ長

アイデアを実現するには、関係者のコンセンサスを得ることが重要だと学ぶ

五洋建設に１９９７年に入社し、まず施工現場を２年ほど経験した。常陸那珂港と鹿島港での、港湾工事だった。そこで感じたのは、海の現場はダイナミックで大きなやりがいがある一方、自然の怖さと隣り合わせだということ。当時、大きな波が来ないか防波堤で見張っていると、本当に押し寄せてくる。係留している船のロープが切れるといったことも起こる。逆に、怖さがあるがゆえ、皆が緊張感を持って臨むので、事故は発生しないということも身をもって知った。

その後、沈埋トンネルの分野を担当するようになっても、その感覚は残っている。水圧接合をはじめ、理詰めでいける部分は多い。さらに沈埋トンネルの施工は比較的穏やかな海で進められる。しかし、現場の条件や施工方法によっては想定通りにいかないことが多々ある。仕事の達成感はもちろんあるが、すべてのリスクは接合部に集約されており、施工を失敗してはいけないという緊張感が常にある。

「自分にも開発できる」と感じた駆け出し時代

１９９９年以来沈埋トンネルの分野に関わってきたが、実は下石が直属の上司だった期間は、99年5月から２００１年11月までの約2年半に限られる。その頃はキーエレメント工法の開発、さらにはクラウンシール継手の開発がちょうど進んでいた時期に当たる。

現場から技術研究所に転勤するに当たって、「Ｖブロック工法というすごい技術を開発した人がいる」「あんな技術を開発できる人なんて、なかなかいない」といった前評判を聞いていた。実際、話を聞いてみると、大胆にも「これなら、自分にもできるんじゃないか」と感じた。当時は、沈埋トンネルに関わり始めたところで、技術の知識もなければ、現場経験もなかったからだろう。

クラウンシール継手については、開発が始まる1年ほど前、下石と一緒に出張に出かけたとき、「こんなこと思いついたんだけど、どう?」と聞かれて、「確かに、成立していますね」と答えたのを覚えている。大阪港夢咲トンネルでの埋立地の不同沈下の問題もあり、私が図面を描いて急ピッチで開発が進展。２００１年には実験も行われた。こんなにスムーズに進んだのは、下石にＶブロック工法の開発実績があったからだろう。発注者をはじめ、関係者が信じて、任せてくれたことが大きかった。

個人的には、開発ってこんなに簡単に進むものかと感じた。しかし、その後20年間、このようにスムーズにいく開発は経験していない。

下石のすごさがわかったのは、その後、自分で沈埋トンネルの施工検討や施工現場を経験した2006年ごろだと思う。

最初から要素技術を理解できていたし、技術的な指示もこなすことはできていた。確かに技術や施工計画は大切だが社内をはじめ、発注者や開発協力者など、関係者のコンセンサスを得るためには熱意を持って説明を尽くすことが重要だった。そのための努力は惜しまない。そうした〝段取り・下準備〟があって初めて、アイデアを実現することが可能になるということを学んだ。（談）

終わりに

沈埋トンネルに関わる各建設技術の開発・実施工に当たっては、国土交通省をはじめとする発注機関、港湾空港技術研究所の皆様のご理解の下、実用化に向けた貴重なご指摘、ご指導をいただきました。また、早稲田大学の清宮理名誉教授にはアイデア段階から多くのご指導、ご協力をいただきました。さらに、各技術の要となるゴム部材の開発・製造については、基礎実験の段階から実施工に至るまで住友ゴム工業様の多大なるご協力をいただきました。その他、建設コンサルタントや機械メーカーなどの多く方々にもご支援をいただきました。皆様方に改めて御礼・感謝を申し上げたいと思います。

本書が、今後の沈埋トンネルの計画、設計、施工の参考に、さらには、これから土木の担い手となる若い方々の技術開発への動機づけとなれば幸いです。

最後になりますが、この本の表紙の絵を描いていただいた五洋建設の柳瀬栄三氏、執筆に際しての資料収集など多くの助力をいただいた新明克洋氏に御礼申し上げます。

２０２４年11月　　下石　誠

◎本書で参照した沈埋トンネルプロジェクト

トンネル名称：事業期間、事業主体（事業完了時）

多摩川トンネル：1985年～1994年、首都高速道路公団
川崎航路トンネル：1985年～1994年、首都高速道路公団
新潟みなとトンネル：1989年～2005年、運輸省第一港湾建設局(国土交通省北陸地方整備局)、新潟市
大阪港咲洲トンネル：1989年～1997年、運輸省第三港湾建設局、大阪市
神戸港港島トンネル：1992年～1999年、運輸省第三港湾建設局、神戸市
東京港臨海トンネル：1993年～2002年、東京都
新・衣浦海底トンネル：1996年～2003年、運輸省第五港湾建設局(国土交通省中部地方整備局)、愛知県
那覇うみそらトンネル：1997年～2011年、内閣府沖縄総合事務局
若戸トンネル：2000年～2012年、運輸省第四港湾建設局(国土交通省九州地方整備局)、北九州市
大阪港夢咲トンネル：2000年～2009年、運輸省第三港湾建設局(国土交通省近畿地方整備局)、大阪市
東京港海の森トンネル：2016年～2020年、国土交通省関東地方整備局、東京都
香港SCL1121海底トンネル：2015年～2020年、香港地下鉄有限公司

※トンネル名は現在の名称

◎参考文献

1. 清宮理・園田恵一郎・高橋正忠「沈埋トンネルの設計と施工」2002、技報堂出版
2. 沿岸開発技術研究センター「鋼コンクリートサンドイッチ構造沈埋函の設計と高流動コンクリートの施工」1996、沿岸開発技術研究センター
3. 運輸省第三港湾建設局　大阪港港湾空港工事事務所 三上圭一 他「沈埋トンネルの新しい最終継手工法の開発『トンネル工学研究論文・報告集第 7 巻 1997年11月報告(51)』」1997、土木学会
4. 沿岸開発技術研究センター「沈埋トンネル技術マニュアル(改訂版)」2002、沿岸開発技術研究センター
5. 横田弘・岩波光保・北山斉・嶋倉康夫「大変形追従型沈埋トンネル用新継手構造の開発、港湾空港技術研究所資料 No.1031」2002、港湾空港技術研究所
6. 清宮理 他「沈埋トンネルの大変形追従型可撓性継手の提案、構造工学論文集VOL49A(2003年3月)」2003、土木学会
7. 国土交通省近畿地方整備局 岡本有司 他「沈埋トンネルの新型継手構造の設計手法について、第58回年次学術講演会(平成15年9月)」2003、土木学会
8. 岩波光保・横田弘「沈埋トンネル継手に用いられるゴム材料の長期耐久性、港湾空港技術研究所資料 No.1137」2006、港湾空港技術研究所
9. 国土交通省「鉄道統計年報[令和３年度]」
10. 国土交通省「道路統計年報2023(2022年3月31日時点)」

◎五洋建設の沈埋トンネル主要技術開発に関する受賞歴

▶1998年（平成10年）：平成9年度土木学会技術開発賞受賞／
沈埋函最終継手工法「Vブロック工法」の開発と実用化

▶2005年（平成17年）：平成16年度土木学会技術開発賞受賞／
沈埋トンネルの新型可とう性継手「クラウンシール式継手」の開発と実用化

▶2009年（平成21年）：第11回国土技術開発賞最優秀賞受賞／
キーエレメント工法

▶2018年（平成30年）：国土技術開発賞20周年記念大賞受賞／
沈埋トンネルにおける最終継手を省略する方法

▶2022年（令和4年）：第3回日建連表彰土木賞受賞／
東京港臨港道路南北線沈埋函（4号函・5号函・6号函）製作・築造等工事（海中における長大コンクリート構造物（沈埋トンネル函）の接合への挑戦）

下石 誠（しもいし・まこと）

五洋建設 顧問 九州支店駐在
1957年生まれ。80年に九州大学工学部水工土木学科を卒業し、五洋建設に入社。2001年土木部門土木本部土木設計部長。08年九州支店次長兼土木部長。10年執行役員九州支店長。13年常務執行役員九州支店長、18年専務執行役員九州支店長などを経て22年から現職
沈埋トンネルに関しては、川崎航路沈埋トンネル工事（1987年9月～90年12月）、沈埋トンネルの技術開発～Vブロック工法、キーエレメント工法、クラウンシール継手、プレーシングポンツーン工法～（1992年4月～2002年3月）などを担当

社外の主な沈埋トンネルに関わる委員会活動は以下の通り。財団法人沿岸開発技術研究センター／沈埋トンネル技術検討ＷＧ委員（2000年6月～01年3月）、社団法人日本トンネル技術協会／沈埋・浮きトンネル小委員会委員（2001年6月～02年3月）、財団法人先端建設技術センター／「東京港トンネル設計施工検討会」TC委員（2003年8月～05年3月）、社団法人日本海洋開発建設協会／海洋工事技術委員会の沈埋トンネル施工検討に関わる委員（1999年～2008年）

海底トンネルの造り方
水の力でつなぐ沈埋工法

2024年11月25日　初版第1刷発行

著　　　者　下石 誠（五洋建設株式会社）
編　　　者　西片 美樹（株式会社日経BPコンサルティング）
発 行 者　寺山 正一
編 集 協 力　森 清、松浦 隆幸
発　　　行　株式会社日経BPコンサルティング
発　　　売　株式会社日経BPマーケティング
〒105-8308　東京都港区虎ノ門4-3-12

装丁・デザイン　有限会社アートオブノイズ
カバーイラスト　柳瀬 栄三（五洋建設株式会社）
D　T　P　クニメディア株式会社
印 刷・製 本　大日本印刷株式会社

ISBN978-4-86443-144-6